세상을 움직이는 놀라운 화학

감수 이황기

경북대학교 화학교육과를 졸업했고 현재 경산과학고등학교에서 화학 교사로 재직 중이다. 미래 사회가 요구하는 과학 인재 양성을 위해 학생 개인의 능력과 희망 진로에 부합하는 맞춤형 창의연구(R&E) 교육과정을 운영하며, 과학과 인공지능을 접목한 교육 프로그램 개발 및 운영에 힘을 쏟고 있다. 전국학생과학발명품경진대회, 전국과학전람회, 삼성휴먼테크 논문대상, 한화사이언스챌린지 등 다수의 대회에서 학생을 지도하며 수상 경력을 쌓았다. 이 밖에도 전국과학경진대회 전문가, 경북과학영재교육원 AI 화학 지도 강사, 경북교육청과학원 연수 강사로 활동하고 있다.

ХИМИЯ ВОКРУГ НАС: ИСТОРИЯ, ПРИРОДА, ТЕХНИКА И ОПЫТЫ
CHEMISTRY AROUND US

Written by Pyotr Voltsit and Maria Sharapova
Illustrated by Liza Kazinskaya
First published by Пешком в историю ® (A Walk Through History Publishing House ®)
© ИП Каширская Е.В., 2024 (© Sole Trader Ekaterina Kashirskaya)
Korean translation rights © 2025 Davinci House Co., Ltd
Korean translation rights are arranged with Librorus Sàrl through LENA AGENCY, Seoul

세상을 움직이는
놀라운 화학

표트르 발치트, 마리아 샤라포바 지음
리사 카진스카야 그림
이경아 옮김 · 이황기 감수

미디어숲

시작하며

학창 시절 화학을 처음 접했을 때 겁을 먹었던 경험은 누구에게나 있을 겁니다. 그도 그럴 것이, 무척이나 어려운 과목으로 느껴졌을 테니까요.

하지만 그런 두려움은 금세 흥미로 바뀌고 우리는 어느새 화학의 원리에 마음이 끌렸습니다. 화학은 우리가 살아가는 세상 곳곳에 존재하고 있었던 거예요. 단 한 방울로 액체의 색깔이 순식간에 바뀌는 플라스크 속에도, 감자가 튀겨지는 프라이팬에도, 못 쓰게 된 전구에도, 우리 몸속에도, 발밑의 포장도로에도, 멀고 먼 별에도 화학은 존재합니다. 화학은 신비한 동화의 나라처럼 우리 앞에 펼쳐져 있습니다. 그곳에서 우리는 끝없는 여행을 통해 모험을 경험하기도 하고 가끔은 길을 잘못 들기도 했습니다.

끝이 보이지 않는 낯선 화학의 세계에 잔뜩 겁을 먹었다면, 지금 우리와 함께 광활한 화학 탐구의 첫걸음을 내디뎌 보면 어떨까요? 우선 우리는 화학 원소로 이루어진 주기율표를 여행하며 화학의 세계에서 살아가는 모든 주민을 만나게 될 겁니다. 그들 중 몇몇과는 난롯가에서 함께 레모네이드를 마시겠지만, 방사성 원소인 러더포듐Rutherfordium 같은 일부

주민과는 멀리서 눈인사만 건네고 말겠죠. 또 화학의 관점에서 어떤 것이 '맛있는지' 알게 되고, 모조품에서 보석을 가려내는 법도 배우고, 형형색색의 불꽃놀이도 해 보고, 금속에 녹이 슬지 않게 하는 비법도 배우고, 창자 모형도 만들어 보고, 은현잉크*로 편지도 써보고, 비누 세척법과 마트에서 소시지 고르는 법 등 다양한 생활의 지혜도 얻게 될 것입니다.

화학은 결코 두렵거나 어려운 학문이 아닙니다. 오히려 굉장히 재미있고 흥미진진하며, 무엇보다 이해하기 쉽다는 사실은 전혀 놀랄 만한 일이 아닙니다! 오래전 갈리나 니콜라예브나 코쿠예바 선생님은 우리가 화학의 아름다움을 이해할 수 있도록 도와주셨습니다. 지금 우리가 이렇게 신비한 화학의 나라로 여행을 떠날 수 있게 된 것은 모두 선생님 덕분입니다.

표트르 발치트, 마리아 샤리포바

---

* 은현잉크: 종이를 가열하거나 화학 약품으로 처리해야 글씨를 볼 수 있는 잉크.

CONTENT

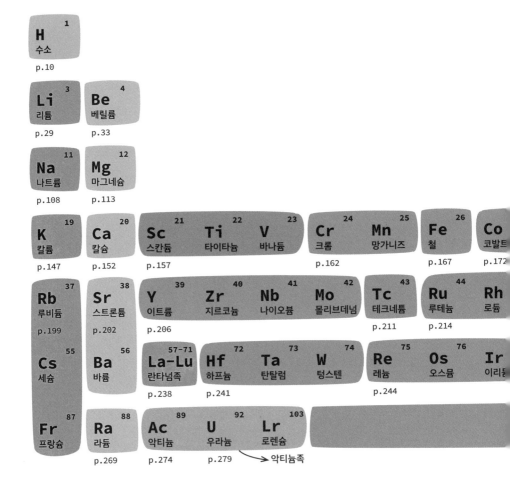

H 1 수소 p.10

Li 3 리튬 p.29

Be 4 베릴륨 p.33

Na 11 나트륨 p.108

Mg 12 마그네슘 p.113

K 19 칼륨 p.147

Ca 20 칼슘 p.152

Sc 21 스칸듐 p.157

Ti 22 타이타늄

V 23 바나듐

Cr 24 크롬 p.162

Mn 25 망가니즈 p.167

Fe 26 철

Co 코발트 p.172

Rb 37 루비듐 p.199

Sr 38 스트론튬 p.202

Y 39 이트륨 p.206

Zr 40 지르코늄

Nb 41 나이오븀

Mo 42 몰리브데넘

Tc 43 테크네튬 p.211

Ru 44 루테늄 p.214

Rh 로듐

Cs 55 세슘

Ba 56 바륨

La-Lu 57-71 란타넘족 p.238

Hf 72 하프늄 p.241

Ta 73 탄탈럼

W 74 텅스텐

Re 75 레늄 p.244

Os 76 오스뮴

Ir 이리듐

Fr 87 프랑슘

Ra 88 라듐 p.269

Ac 89 악티늄 p.274

U 92 우라늄 p.279

Lr 103 로렌슘 → 악티늄족

평가 기준

자연   건강   독성과 안전성   일상생활   기술

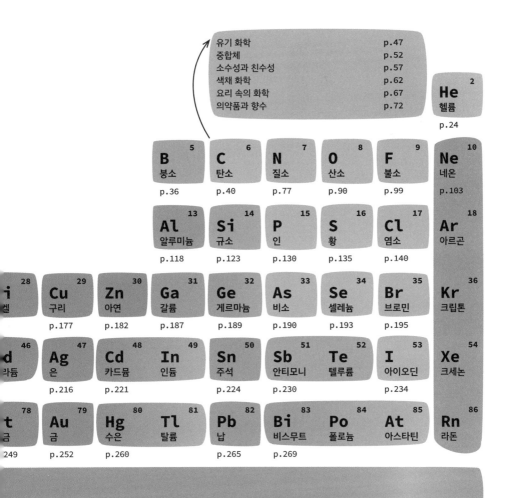

유기 화학   p.47
중합체   p.52
소수성과 친수성   p.57
색채 화학   p.62
요리 속의 화학   p.67
의약품과 향수   p.72

He 2
헬륨
p.24

B 5
붕소
p.36

C 6
탄소
p.40

N 7
질소
p.77

O 8
산소
p.90

F 9
불소
p.99

Ne 10
네온
p.103

Al 13
알루미늄
p.118

Si 14
규소
p.123

P 15
인
p.130

S 16
황
p.135

Cl 17
염소
p.140

Ar 18
아르곤

i 28
셀

Cu 29
구리
p.177

Zn 30
아연
p.182

Ga 31
갈륨
p.187

Ge 32
게르마늄
p.189

As 33
비소
p.190

Se 34
셀레늄
p.193

Br 35
브로민
p.195

Kr 36
크립톤

d 46
라듐

Ag 47
은
p.216

Cd 48
카드뮴
p.221

In 49
인듐

Sn 50
주석
p.224

Sb 51
안티모니
p.230

Te 52
텔루륨

I 53
아이오딘
p.234

Xe 54
크세논

t 78
금

Au 79
금
p.252

Hg 80
수은
p.260

Tl 81
탈륨

Pb 82
납
p.265

Bi 83
비스무트
p.269

Po 84
폴로늄

At 85
아스타틴

Rn 86
라돈

249

문학과 미술

화학

화학자의 농담

실험

역사

수소
HYDROGEN

모든 원소 가운데 일등

수소는 멘델레예프^{Mendeleev}(1834~1907)*가 고안한 주기율표에 가장 먼저 등장하는 원소입니다. 우주에서 가장 오래된 물질에 속하죠. 수소는 우주 대폭발$^{Big\ Bang}$ 직후 가장 먼저 형성된 원자예요. 그 밖의 모든 원소는 수소에서 만들어졌답니다. 오늘날에도 우주의 4분의 3은 수소로 이루어져 있어요.

원자±전자＝이온

수소의 전자는 -1의 음전하를 띠고 양성자는 +1의 양전하를 띠죠. 따라서 전하의 합은 0이에요. 평상시 원자는 전하를 띠지 않는 중성이랍니다. 그러다 다른 원자에 전자를 내주면서 양전하를 얻게 됩니다. 이 경우

---

* 멘델레예프: 원소를 규칙성에 따라 나열한 주기율표를 최초로 고안한 러시아의 화학자.

그것은 더 이상 원자가 아니라 '이온ion'으로 불리고, 다른 원자로부터 전자를 얻은 원자 역시 이온으로 불리죠. 이온은 앞으로 자주 살펴보게 될 매우 중요한 개념입니다.

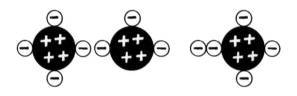

🌸 전자의 모험

세상에 존재하는 모든 물질은 작은 입자(원자)로 이루어져 있어요. 오늘날 알려진 원자의 '종류', 다시 말해 화학 원소는 118가지에 이릅니다. 수소 역시 그중 하나입니다. 그런데 원자는 이보다 더 작은 입자인 원자핵과 그 주위를 도는 전자로 이루어져 있습니다. 마치 행성이 태양 주위를 도는 것처럼요.

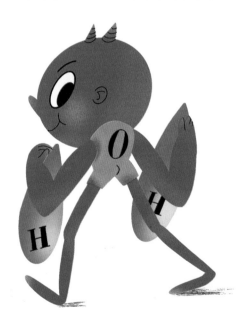

수소 원자는 모든 원소 중에 가장 단순하다고 알려져 있죠. 수소 원자는 1개의 양성자와

그 주위를 도는 1개의 전자로만 이루어져 있어요. 양성자는 양(+)전하를 띠고, 전자는 음(-)전하를 띠죠. 이런 양전하와 음전하는 서로를 끌어당기는데, 이 때문에 전자는 원자핵으로부터 멀리 달아나지 못합니다. 그러나 원자들이 결합해 분자를 형성하거나 화학 반응을 일으키면 다른 원자에 전자를 넘겨줄 수도 있고, 반대로 다른 원자의 전자를 흡수할 수도 있습니다. 모든 화학 반응은 이렇게 하나의 원자에서 다른 원자로 이동하는 전자의 운동으로 결정됩니다.

🌸 가장 특이한 물질

물 분자는 2개의 수소 원자와 1개의 산소 원자로 이루어져 있습니다. 이는 H_2O라는 화학식으로 간단히 나타내기도 하죠. H는 수소를 나타내는 화학 기호이고 O는 산소를 나타내는 화학 기호입니다. 숫자 2는 물 분자에 2개의 수소 원자가 결합한다는 뜻이에요. (뒤쪽에 소개할 원자의 '강도'에서 살펴보겠지만) 수소보다 강한 원자인 산소는 흔히 자기 쪽으로 전자를 잡아당깁니다. 그 결과 산소 원자는 약한 '음(-)'전하를 띠는 데 비해 수소 원자는 '양(+)'전하를 띠게 되죠. 양전하와 음전하는 서로 끌어당기는 성

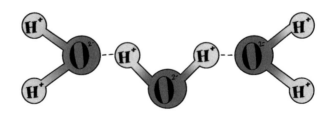

질이 있어서 이웃한 물 분자끼리는 서로 끌어당깁니다.

물 분자 사이에 나타나는 이런 '수소 결합'은 세상에서 가장 놀라운 물질인 물을 형성합니다. 수소 결합이 없다면 물은 -70°C에서 80°C 사이에서 끓게 될지도 모릅니다. 또 실온에서는 증기의 형태로 존재할지도 모르죠. 액체 상태의 물은 남극 대륙의 한복판에서, 그것도 겨울철에나 구경할 수 있을 겁니다.

물이 지닌 놀라운 두 번째 성질을 살펴볼까요? 모든 물질은 차가워지면 수축하지만, 오히려 물은 얼 때 팽창합니다! 추운 곳에 깜빡하고 물병을 놓아두면 골치 아픈 일이 생길 수 있어요. 얼음이 팽창해서

물병에 금이 가기 때문이에요. 하지만 자연의 입장에서 이는 매우 유익한 현상이랍니다. 팽창한 얼음은 액체인 물보다 가벼워 표면에 뜨게 되죠. 만약 얼음이 물속으로 가라앉는다면 강은 밑바닥까지 얼어붙어 여름에도 완전히 녹기 어려울 겁니다. 그리되면 강은 생명을 품을 수 없는 곳이 되겠죠.

물이 지닌 놀라운 성질은 그뿐만이 아닙니다. 물 분자는 이따금 수소 이온(H^+)과 수산화 이온(OH^-)으로 분해되기도 합니다(그래요, 이온은 하나의 원자로만 이루어질 수도 있지만 여러 개의 원자로도 이루어질 수 있죠. 여기서 중요한 사실은 이온의 전하가 0이 아니라는 겁니다). 그럼 어떡하냐고요? 괜찮아요. 자유롭게 조금만 '돌아다니면' 이온은 다시 하나의 물 분자로 결합하게 되니까요. 이런 화학 반응은 가역성으로 불린답니다. 놀랍지만 한편 사실인 것은, 우리가 마시는 물컵 속에서도 가역적인 화학 반응이 끊임없이 일어난다는 겁니다!

$$H_2O \leftrightarrow OH^- + H^+$$
$$2 \times H_2O \leftrightarrow OH^- + (H_3O)^+$$

실제로 수소 이온(H^+)은 물속에 떠다니지 않아요. 양의 수소 이온은 다른 물 분자에 재빨리 달라붙어 하이드로늄 이온(H_3O^+)을 형성합니다. 이를 화학식으로 표현하면, $H^+ + H_2O \rightleftharpoons H_3O^+$입니다.

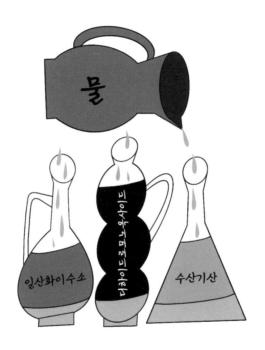

물에는 산화수소hydrogen oxide, 수산화수소hydrogen hydroxide, 수산기산hydroxyl acid, 일산화이수소dihydrogen monoxide 같은 다양한 화학명이 붙어 있습니다. 폼을 좀 잡아 보고 싶다면 키오스크에 '일산화이수소 한 병'을 주문할 수도 있겠죠. 아니면 "제라늄에 수산기산 좀 뿌려 주세요!"라고 할머니께 부탁할 수도 있고요.

이온인지 아닌지 실험해 볼까요?

끊임없이 만들어졌다가 물속에서 다시 사라지는 이온을 살펴봅시!

1. 배터리, LED(가장 약한 전류에서도 불빛을 냅니다), 양 끝의 피복을 벗겨낸 전선
   2개로 이루어진 전기 조립 세트를 이용해 가장 단순한 회로를 조립합니다.
   회로는 열어두어야 해요. 이런 전기 조립 세트를 구할 수 없다면 배터리와
   LED를 철사로만 연결해도 됩니다. LED는 한쪽으로만 전류를 전도한다는
   사실을 잊지 말고 회로에 정확히 연결하세요. 철사 끝을 금속에 대보면서
   회로가 제대로 작동하는지 확인해 봅니다.

2. 투명한 물속에 철사 끝을 담급니다.
3. 전구에 불이 들어왔네요! 물에 전류가 흐른다는 얘기겠죠?

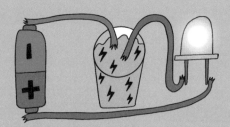

4. 소금, 탄산, 구연산, 아세트산(초산) 용액을 이용해 실험을 반복합니다.

5. 물에는 이온(하전 입자)이 들어 있어서 전기를 정확히 전도합니다. H^+ 이온은 배터리의 음극에 연결된 철사 쪽으로 움직이고, OH^- 이온은 양극에 연결된 철사 쪽으로 움직이죠. 하전 입자의 운동은 전류입니다.

소금물 또는 산이나 탄산이 들어간 물은 전기를 훨씬 더 잘 전도한다는 걸 알 수 있어요. LED가 더 밝게 빛나니까요. 이들 물질 역시 하나같이 물속에서 이온으로 분해된답니다.

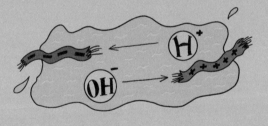

산을 만드는 주인공은 누구일까요?

수소가 없다면 세상의 어떤 산도 있을 수 없어요. 수용액에 녹으면 H^+ 이온으로 분해되는 물질을 화학에서는 산이라고 부릅니다. 가령 염산

hydrochloric acid은 물속에서 수소와 염소 이온으로 분해됩니다. 화학식으로 표현하면 다음과 같죠.

$$HCl \rightleftharpoons H^+ + Cl^-$$

황산sulfuric acid은 2개의 수소 이온과 1개의 황산 잔류물 이온으로 분해됩니다.

$$H_2SO_4 \rightleftharpoons 2H^+ + SO_4^{2-}$$

'2-'는 황산 잔류물이 2배의 음전하를 띤다는 의미예요. 어떤 종류의 산이든 신맛을 내는 주범은 수소 이온입니다. 물론 황산에 혀를 담가본 사람은 이제껏 없지만, 말산, 구연산, 옥살산, 젖산 같은 약산은 먹을 수 있어요. 우리는 과일, 김치, 발효유 등을 통해 이를 섭취하죠. 이들이 내는 신맛은 H^+ 이온(보다 정확히는 H_3O^+) 때문이에요.

시큼한 내 친구들♡

☠ 병에 이름표를 붙여주세요!

매우 강한 산성은 화상을 일으킬 수 있습니다. 게다가 상당수의 강산성은 무색의 투명한 용액처럼 보이고 특이한 냄새도 나지 않아요. 혼동을 막으려면 '모든 병에 이름표를 붙인다'는 원칙을 항상 지키는 것이 중요합니다. 음료수병에 위험한 물질을 보관하는 경우라면 더더욱 그렇겠죠. 기존의 이름표

는 떼어버리고 큼직하고 선명하게 '식초' 혹은 '산'이라고 표기한 라벨을 붙여둡니다.

그런데 산이 피부나 점막에 묻으면 어떡하죠? 우선 산이 물에 녹을 때는 뜨거워지기 때문에 찬물로 깨끗이 씻어냅니다. 그런 다음 화끈거리는

부위를 베이킹 소다 희석액으로 씻어줍니다. 베이킹 소다는 산을 중화시켜 안전한 소금으로 바꿔주죠.

 산이 피부에 닿으면 어떤 일이 벌어질까요? 실험을 통해 알아봅시다. 물론 누구의 피부도 실험 대상으로 삼을 수는 없겠죠!

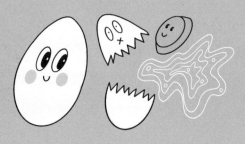

1. 머랭을 만들 때처럼 달걀노른자와 흰자를 분리합니다.

2. 투명한 컵에 흰자를 넣고 구연산 용액(물 45㎖에 구연산 1티스푼)을 떨어뜨립니다.

3. 2~3분 정도 지나면 투명한 흰자에 흰색을 띤 얇은 층이 생길 겁니다.

4. 흰자는 물로 된 단백질 용액(85쪽 참조)이에요. 산은 단백질 분자의 형태를 바꾸고 서로 들러

붙어 얇은 층을 형성하게 만듭니다. 그렇게 되면 단백질이 더는 제 기능을 수행할 수 없게 되죠. 산의 작용으로 우리 피부에도 거의 비슷한 일이 벌어지고, 피부 세포가 죽게 될 겁니다.

☺ 수소 비행선을 띄우지 마세요!

수소는 공기, 특히 순수한 산소와 섞이면 폭발합니다. 수소는 수증기를 형성하면서 순식간에 타버리고 말죠! 하지만 수소는 가벼운 기체예요. 과거에 기구를 채우는 데 수소가 이용된 것도 바로 이 때문이죠.

20세기 초에는 수소가 비행선에도 이용됐답니다. 비행기보다 빠르고 편안했던 비행선은 유럽에서 미국까지 성공적으로 승객을 실어 날랐습니다. 그러던 중 1937년 독일의 힌덴부르크Hindenberg호가 비행선 착륙을 보도하기 위해 모인 기자들 앞에서 폭발하는 사고가 발생하고 말죠.

대참사 이후로 수소를 채운 비행선 운행은 중단됐어요. 이제는 그보다 안전한 헬륨(27쪽 참조)으로만 채워졌습니다. 하지만 헬륨은 수소보다 2배나 무거워 절반만큼만 들어 올릴 수 있어요. 수소는 기상 관측 기구를 채우는 데 여전히 이용되고 있습니다. 그런 기구는 크기도 작고 승객도 실어 나르지 않기 때문이죠. 여기에 필요한 수소는 기상청에서 쉽게 얻을 수 있어요.

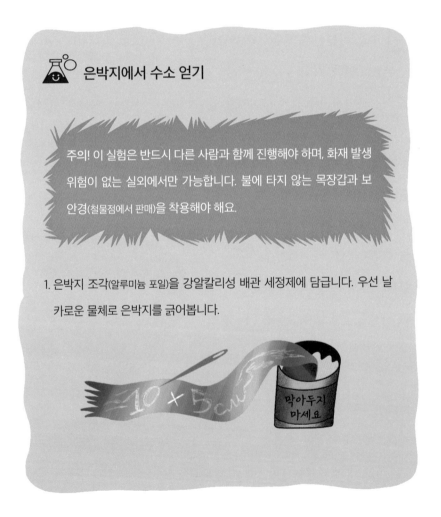

은박지에서 수소 얻기

주의! 이 실험은 반드시 다른 사람과 함께 진행해야 하며, 화재 발생 위험이 없는 실외에서만 가능합니다. 불에 타지 않는 목장갑과 보안경(철물점에서 판매)을 착용해야 해요.

1. 은박지 조각(알루미늄 포일)을 강알칼리성 배관 세정제에 담급니다. 우선 날카로운 물체로 은박지를 긁어봅니다.

10 × 5cm

막아두지
마세요

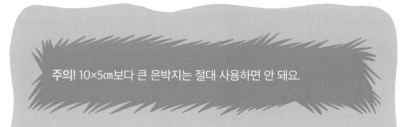

주의! 10×5㎝보다 큰 은박지는 절대 사용하면 안 돼요.

2. 은박지에 공기 방울이 보일 겁니다.

3-1. 고무풍선을 씌운 병에 기체를 채웁니다.

3-2. 20㎝ 이상의 불타는 나무 조각을 병목에 가져다 댑니다.

4. 기체를 채운 다음 잡아맨 풍선은 공중으로 날아오르고, 불타는 나무 조각
   에서는 기체가 '펑' 소리를 내며 터질 겁니다. 우리는 공기보다 훨씬 가벼운
   가연성 기체인 수소를 손에 넣었습니다. 이때 병 속에서 일어나는 화학 반
   응에 대해서는 121쪽에서 자세히 다룰 예정이에요.

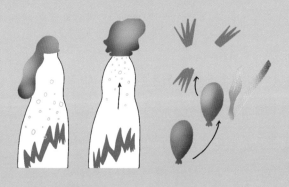

헬륨

HELIUM

태양의 자손

놀랍게도, 태양에서 가장 먼저 발견된 원소는 헬륨이며, 지구에서는 그로부터 27년이 지난 후에야 발견되었습니다. 헬륨은 태양 광선의 스펙트럼을 연구하는 과정에서 발견되었는데요. 과학자들은 헬륨 원소가 정확한 색을 띠는 광선을 흡수한다는 사실을 알아냈습니다. 빛을 프리즘으로 분해하면 각각의 원소에 의해 흡수된 독특한 줄무늬를 살펴볼 수 있어요. 이렇게 태양의 성분을 연구하던 천문학자들은 이전까지만 해도 알려지지 않던 새로운 원소의 띠를 발견했습니다. 이 원소는 고대 그리스의 태양신 헬리오스Helios의 이름을 따서 헬륨으로 불리게 됐죠.

지구에 헬륨이 적은 까닭은

우주 공간에는 엄청난 양의 헬륨이 존재합니다. 헬륨은 대폭발 직후 불과 몇 분 만에 형성되었고 별에 존재하는 수소에서 끊임없이 만들어지고 있죠. 태양이 빛나는 것도 바로 이런 화학 반응 때문이랍니다. 하지만 지구에 존재하는 헬륨의 양은 무척 적어요. 헬륨이 공기보다 7.5배나 가볍기 때문이죠. 대기 상층으로 올라간 헬륨은 우주 공간에서 서서히 사라져 버리고 말아요.

그런데 지구의 지각층에서는 새로운 헬륨 원자가 끊임없이 만들어지고 있답니다! 붕괴하는 수많은 방사성 원소는 알파 입자를 방출합니다. 헬륨 핵에 불과한 그런 알파 입자가 주변의 원자로부터 전자를 얻기만 하면 하나의 헬륨 원자가 탄생하는 거죠! 헬륨은 바위에서도 얻을 수 있습니다.

 ## 만화 속 인물이 되어 볼까요?

헬륨을 들이마시면 목소리가 고음으로 변합니다. 만화에 나오는 등장인물처럼 말이죠. 헬륨 안에서 소리의 전달 속도는 공기 중에 있을 때보다 빨라서 소리의 진동 주파수에 변화를 줍니다.

주의할 점은, 이런 장난이 몸에 해롭지는 않아요. 다만 순수한 헬륨을 들이마시게 되면 어지럼증과 메스꺼움을 느끼거나 산소 부족으로 의식을 잃을 수도 있어요. 평상시 우리가 들이마시는 공기를 대신해 산소와 혼합한 헬륨은 스쿠버 다이빙에 이용되기도 합니다. 공기 중에 흔한 질소와 달리 헬륨은 혈액 속에서 용해도가 낮아 잠수부가 수면으로 올라가는 동안 잠수병을 일으키지 않습니다(87쪽 참조).

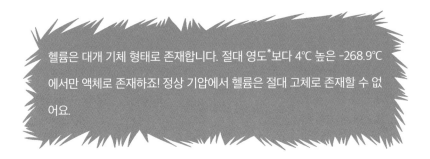

헬륨은 대개 기체 형태로 존재합니다. 절대 영도*보다 4℃ 높은 −268.9℃에서만 액체로 존재하죠! 정상 기압에서 헬륨은 절대 고체로 존재할 수 없어요.

---

* 절대 영도: 물질이 도달할 수 있는 가장 낮은 에너지 상태. 섭씨온도로는 −273.15℃에 해당한다.

비행선에 필요한 기체

헬륨은 수소보다 약간 무겁고 완전한 불연성을 띱니다. 이 때문에 오늘날 하늘을 나는 모든 기구는 헬륨 기체로 채워져 힌덴부르크호의 비극이 반복되는 일은 없습니다. 아이들이 갖고 노는 풍선에도 헬륨이 채워지죠.

눈에 보이지 않는 헬륨을 보는 방법

헬륨 풍선을 받으면 다음과 같은 실험을 해 보세요.

1. 풍선의 공기가 어느 정도 빠져 공기와 비슷한 무게가 될 때까지 기다립니다(추를 매달거나 반대로 풍선 줄을 일부 잘라낼 수도 있어요).

2. 풍선을 뜨거운 라디에이터 근처에 가져다 두세요.

3. 라디에이터 부근에서 떠오른 풍선은 천장을 따라 이동하다가 반대편 아래로 떨어진 다음 바닥을 따라 라디에이터로 돌아와 다시 떠오릅니다.

4. 우리가 본 것을 '대류 현상'이라고 해요. 따뜻한 공기가 위로 올라갔다가 점차 식으면서 반대편 벽을 따라 떨어지는 거죠. 그런 다음 열이 발생하는 쪽으로 되돌아와 따뜻해지면 다시 위로 올라가는 겁니다. 풍선은 이런 공기의 흐름을 우리 눈으로 직접 볼 수 있게 해줘요!

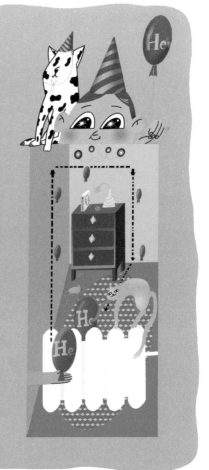

리튬
LITHIUM

원자 껍질

리튬은 2개의 전자껍질을 가진 2주기 원소 가운데 첫 번째 원소입니다. 전자껍질이 뭐냐고요? 앞서 우리는 원자마다 1개의 핵과 그 주위를 '도는' 전자가 있다는 것을 살펴봤죠. 하지만 전자는 여기저기 돌아다니다기보다 서로 다른 층, 더 과학적으로 표현하면 전자껍질을 차지한다고 봐야 해요. 핵에 가장 가까운 첫 번째 '층'에는 2개의 전자만을 수용할 수 있어요. 하지만 리튬은 3개의 전자를 갖고 있어서 세 번째 전자는 다음 층을 채울 수밖에 없습니다. 두 번째와 세 번째 '층'은 각각 8개의 전자를 수용할 수 있어요. 따라서 두 번째 층을 채우려면 한참 멀었네요. 리튬은 바깥쪽 전자를 약한 힘으로 붙잡고 있으면서 언제든 다른

원자에 전자를 내줄 준비가 되어 있어요. 이렇게 '인심 좋은' 원소를 금속이라고 불러요. 맞아요. 리튬은 주기율표에 등장하는 첫 번째 금속에 해당합니다.

주기율표를 살펴본 사람이라면 첫 번째 주기에는 2개의 원자만 존재하고 두 번째와 세 번째 주기에는 8개의 원자가 존재한다는 점을 알아차렸을 겁니다. 왜 그럴까요? 주기율표에서 주기(가로줄) 번호는 이 주기에 자리 잡은 원자의 전자껍질 수와 같아요. 족(세로줄) 번호는 바깥쪽 껍질에 최대로 수용할 수 있는 전자의 개수를 보여줍니다. 매우 편리한 표기 방식이죠. 주기율표를 보자마자 원자가 몇 개의 층으로 이루어져 있는지, 각 층에 '주민(전자)'이 얼마나 거주하는지를 금세 알 수 있으니까요.

😊 빛보다 가볍다

리튬은 특이한 금속이에요. 워낙에 가벼워 물에 뜨기까지 하죠. 하지만 칼륨이나 나트륨과 마찬가지로(108쪽, 147쪽 참조) 너무 쉽게 물과

반응하기 때문에 리튬 뗏목으로는 그리 멀리까지 갈 수 없어요. 불과 몇 분 만에 뗏목 위에 남은 것이라고는 깃발과 구명구(잊지 마세요. 꼭 필요한 준비물이니까요!)뿐일 겁니다.

🤖 리튬의 다양한 용도

오늘날 리튬은 주로 배터리에 이용됩니다. 배터리가 작동할 때, 리튬 이온은 음극(-)의 흑연 결정격자를 떠납니다. 이런 이온의 운동은 전류를 만들어 냅니다. 배터리를 충전하면 외부 전류는 리튬을 흑연 결정으로 되돌려 보내고, 배터리는 다시 작동할 준비를 마칩니다. 이런 과정은 여러 번 반복할 수 있어요. 리튬은 꽁꽁 얼어붙은 영하 60°C의 남극에서도 쓸 수 있을 정도로 뛰어난 성능을 자랑하는 윤활제에도 들어가죠. 리튬을 소량만 추가해도 금속 합금은 더 단단하고 가벼워집니다. 리튬은 일상에서 유용한 금속이라

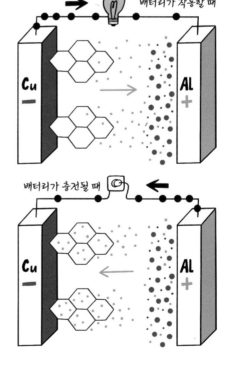

배터리가 작동할 때

배터리가 충전될 때

고 할 수 있죠. 그런데 아쉽게도, 지구상에는 리튬이 그리 많지 않아요. 이렇게 많이 사용해도 리튬이 모자라지 않을까요?

리튬 레모네이드

리튬염은 감정을 정상적인 상태로 되돌려주는 약품에도 이용됩니다. 한때 사람들은 이것의 치유 효과를 굳게 믿어서, 심지어 레모네이드에까지 첨가하기도 했습니다!

 리튬 공기 청정기

불꽃 같은 진홍색을 띠는 리튬염은 불꽃놀이에도 이용할 수 있어요(112쪽 참조). 수산화리튬(수소와 산소가 혼합된 화합물)은 이산화탄소를 완벽하게 흡수하는 성질이 있습니다. 그래서 우주선이나 잠수함의 공기를 정화하는 데 이용되죠.

베릴륨
BERYLLIUM

방황하는 원소

오늘날 사용되는 주기율표는 원자핵에 있는 양성자 수가 증가하는 순서대로 배열되어 있습니다. 하지만 드미트리 멘델레예프가 주기율표를 만들 당시는 양성자에 관해 알려진 바가 전혀 없었기 때문에 원자량을 이용해 배열했죠. 문제는 화학자들이 베릴륨의 원자량을 잘못 측정했다는 점입니다. 베릴륨은 탄소와 질소 사이에 자리를 잡고 있었어요. 그런데 베릴륨의 성질은 멘델레예프가 발견한 법칙에는 절대 들어맞지 않았죠. 멘델레예프는 위험을 무릅쓰고 베릴륨의 원자량을 13에서 9로 수정했고, 그러자 모든 것이 제대로 들어맞았습니다.

금속에 필요한 비타민

베릴륨은 비타민처럼 금속의 성질을 개선해 주기 때문에 금속공학자가 매우 중요하게 여기는 원소입니다. 베릴륨을 소량만 추가해도 합금은 마모에 강해지고, 웬만한 충격에도 발화하지 않습니다. 이는 폭발물이 있고 화재 위험이 있는 환경에 적합하다는 의미죠. 베릴륨을 추가하면 '금속 피로*'를 줄일 수 있습니다. 베릴륨 합금으로 만든 철사는 이리저리 수백 번을 구부려도 부러지

지 않고 끄떡없어요. 알루미늄이나 구리로 만든 철사와 한번 비교해 보세요! 베릴륨은 놀랄 만큼 가벼우면서도 단단해서 부식되지 않으며 용해되는 일도 좀처럼 없습니다.

하지만 처리 과정이 어렵고, 비용이 많이 들고, 독성이 있다는 단점도 있어요. 베릴륨은 우주 망원경의 거울이나 대형 강입자 충돌기LHC: Large Hardron Collider의 부품을 만드는 데도 이용됩니다.

---

* 금속 피로: 금속의 강도가 저하되는 현상.

베릴륨과 베릴

베릴륨 합금으로 집에서 강철을 얻기는 어려울 겁니다. 하지만 할머니의 보석함에는 베릴륨 광물질이 들어 있을 거예요. 여기에는 우리에게 잘 알려진 에메랄드나 아콰마린도 포함되죠. 이들은 모두 베릴이라는 광물의 한 종류입니다. 베릴은 베릴륨과 알루미늄이 포함된 규산염 광물입니다(124쪽 참고).

붕소
BORON

금속도 비금속도 아니다?

원소를 금속과 비금속으로 분류하는 것은 우리에게 익숙하죠. 하지만 화학 교과서에 '반금속' 또는 '준금속'으로 적힌 붕소에 관한 설명은 다소 어색합니다. 반금속이란 무엇일까요? 바깥 껍질에 있는 전자를 쉽게 내주는 물질을 금속으로 기억하면 간단합니다. 반면에 비금속은 전자를 받아들이려는 경향이 훨씬 강합니다. 붕소는 3개의 전자를 내주는 동시에 3개의 전자를 얻을 수 있죠(하지만 이런 전자의 이동은 어쩔 수 없는 상황에서만 이루어지며, 평상시에는 거의 아무런 반응도 보이지 않습니다). 이 때문에 반금속이라는 이름이 붙은 거예요!

아기에게 필요해요

붕산은 붕소를 중심원자로 하는 산소산으로, 과거 아기의 피부를 닦거나 귀의 염증 치료를 위해 붕산 용액을 떨어뜨리기도 했습니다. 또한 감염 예방은 물론, 곰팡이나 바퀴벌레 퇴치 등 일상생활에서도 널리 활용되고 있죠. 하지만 많은 양의 붕소는 바퀴벌레는 물론 사람에게도 해를 끼칩니다.

모든 생명체는 날마다 몇 밀리그램(㎎) 정도의 붕소를 필요로 합니다. 아기의 피부는 연약하기 때문에 오늘날에는 붕산으로 문지르는 것이 바람직하지 않다고 알려져 있죠. 그런데도 붕산은 약국에서 여전히 구할 수 있고 대단한 효력을 자랑합니다! 왜 그런지 살펴볼까요?

붕소 부족 현상

붕소는 식물의 성장에 꼭 필요한 미량 원소*예요. 붕소가 없다면 싹은 시들어 없어지고 꽃과 열매 역시 떨어져 버리고 말 겁니다. 하지만 지나친 붕소 사용은 식물에 독이 되기도 하죠. 대개 토양에는 붕소가 충분치 않아요. 비트, 사과나무, 배나무에는 특히 붕소가 필요하답니다. 붕소가 부족하면 비트의 새싹은 죽거나 못 쓰게 되고, 뿌리 작물은 전반적으로 살 수 없을 거예요. 이를 방지하려면 초여름에 양동이에다 붕산 1티스푼을 물에 녹인 다음 식물에 뿌려 주는 게 좋아요.

---

* 미량 원소: 적은 양이지만 식물의 올바른 성장에 꼭 필요한 화학 원소. 철, 아연, 망가니즈, 붕소 등이 있다.

🤖 강도가 다이아몬드와 맞먹는다?

다양한 물질의 강도를 높이고자 미량의 붕소를 넣는 경우가 아니면 순수하게 붕소만을 사용하는 경우는 드물어요. 하지만 붕소 화합물은 믿을 수 없을 만큼 놀라운 성질을 보여줍니다! 질소가 들어간 화합물(엘보나 보라존으로도 알려진 질화붕소)의 강도는 거의 다이아몬드 수준이지만 가격은 훨씬 저렴하죠. 질화붕소는 탄소나 규소를 섞은 붕소 화합물과 마찬가지로 다양한 절삭기에 폭넓게 이용됩니다. 붕소와 탄소의 화합물인 탄화붕소 역시 강도가 높아 방탄조끼에 이용된답니다. 붕소와 수소의 화합물인 수소화붕소는 독성이 있는데도 로켓 연료로 이용된 적이 있어요.

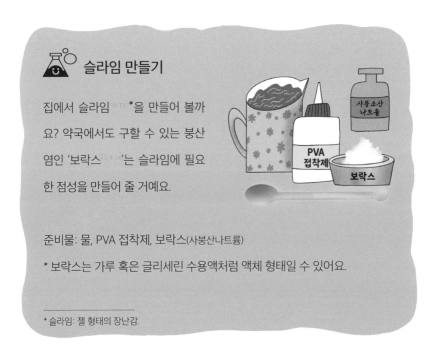

🧪 슬라임 만들기

집에서 슬라임slime*을 만들어 볼까요? 약국에서도 구할 수 있는 붕산염인 '보락스Borax'는 슬라임에 필요한 점성을 만들어 줄 거예요.

준비물: 물, PVA 접착제, 보락스(사붕산나트륨)

* 보락스는 가루 혹은 글리세린 수용액처럼 액체 형태일 수 있어요.

―――――――――
* 슬라임: 젤 형태의 장난감.

용기에 접착제를 붓고 같은 양의 물을 부어 희석합니다. 그런 다음 보락스를 넣어 혼합물이 원하는 점성에 이를 때까지 잘 저어줍니다. 대개 보락스 용액 몇 방울이나 분말 4분의 1티스푼 정도로도 충분합니다. 여기에 색소, 반짝이, 자석 분말 따위를 첨가해 자신만의 슬라임을 완성할 수 있어요!

실험 과정에서 사용된 티스푼으로 차를 젓거나 마셔서는 절대 안 돼요! 실험이 끝나자마자 티스푼을 깨끗이 씻어주세요.

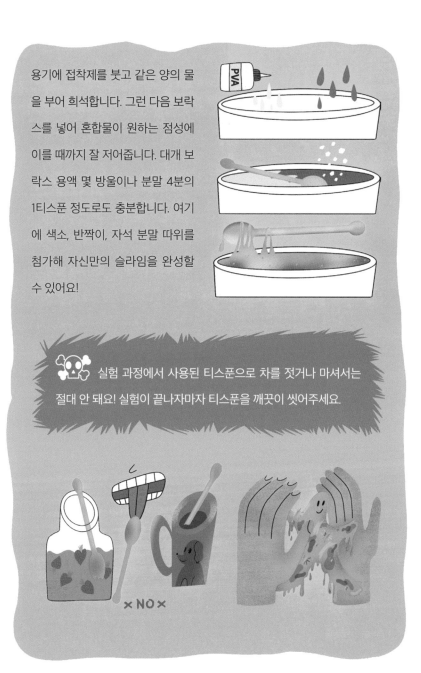

× NO ×

탄소
CARBON

😊 다이아몬드와 숯 검댕은 사촌 관계

지금까지 살펴본 모든 원소는 단순히 하나의 물질(오로지 그 원소의 원자로만 이루어져 있는 물질)이었어요. 수소와 헬륨은 항상 기체, 리튬과 베릴륨은 금속, 붕소는 반금속의 형태로 존재하죠.

하지만 순수한 탄소는 다양한 형태로 존재할 수 있어요! 무르고 쉽게 바스러지는 숯과 부드럽고 미끈거리는 검댕은 모두 순수한 탄소에 속합니다. 연필심을 만드는 데 이용되는 부드러운 흑연 역시 순수한 탄소예요. 지구상에서 가장 단단한 물질인 다이아몬드 역시 탄소 원자로만 이루어져 있답니다. 또 단순한 탄소는 축구공 모양의 풀러렌fullerne이나 탄소 나노튜브를 비롯해 다양한 형태로 존재합니다. 얼마나 많은 탄소 형태가 존재하는지는 과학적으로 정확히 밝혀지지 않았지만, 10가지가 넘는 것만은 확실해요!

우리는 모두 탄소 가족입니다. 인간의 몸은 21%가 탄소로 이루어져 있어요. 따라서 몸무게가 40kg인 사람이 있다면 그중 8kg 정도는 탄소인 셈이죠!

최초의 방독면

사람들은 오랜 옛날부터 탄소의 쓰임새를 알고 있었어요. 석탄을 이용해 난로를 때고, 흑연을 이용해 그림을 그리고, 다이아몬드를 이용해 보석을 만들었죠. 20세기 초에 러시아 화학자 N.D. 젤린스키Zelinsky는 석탄을 활성화하는 방법을 찾아내 이를 바탕으로 방독면을 만들었어요. 다공성 탄소는 유독 가스를 흡수했고 일부 가스와는 화학 반응도 일으켰습

니다. 유독 가스는 중화되었고 사람의 폐 속으로 정화된 공기가 들어갈
수 있었어요.

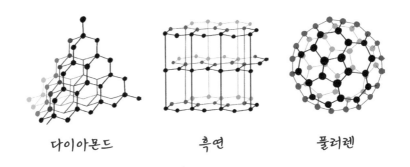

다이아몬드　　　　흑연　　　　플러렌

♥ 활성탄

우리가 흔히 보는 석탄도 다공성으로 미세한 구멍이 수없이 뚫려 있어
요. 다양한 분자는 활성탄 표면에 있는 '구멍'에 꼼짝없이 갇히게 됩니다.

다이아몬드

다이아몬드는 보석 세공사들이 여러 면을 깎아 세공한 것입니다. 천연 다이아몬드는 다양한 형태를 띠며, 그중에는 불규칙한 모양도 있어요. 다이아몬드는 주로 장신구에 사용되며, 다이아몬드 원석은 절삭기나 드릴, 시계 산업, 원자력 산업, 컴퓨터 등 다양한 분야에서도 활용됩니다. 이러한 용도를 위해 우리는 흑연에서 인공 다이아몬드를 합성하는 기술을 개발했습니다. 흑연 역시 순수한 탄소로 이루어져 있다는 점에서 다이아몬드와 같죠.

다이아몬드와 모조품을 구별하는 것은 쉽지 않아요. 열전도율과 전기 전도율을 측정하는 특수한 장비가 필요합니다. 다이아몬드는 열전도율이 매우 높기 때문에 표면에 입김을 불어도 변하지 않지만, 겉모습이 비슷한 큐빅 지르코니아(208쪽 참고)는 열전도율이 낮아 표면에 김이 서릴 거예요.

☠ 탄소산화물의 위험도

　탄소가 탈 때는 두 가지 형태의 산화물(산소 화합물)이 형성됩니다. 이산화탄소(CO_2)와 일산화탄소(CO)가 여기에 해당하죠. 이산화탄소는 해롭지 않으며, 우리도 만들어 냅니다. 우리가 내쉬는 숨에는 약 4%의 이산화탄소가 포함되어 있지요.

　그러나 일산화탄소는 치명적인 독성이 있어서 적은 양(1㎥의 공기 중에 20㎎)으로도 위험할 수 있습니다. 일산화탄소가 우리 몸에 들어가면 산소를 운반하는 헤모글로빈과 결합하기 때문에 혈액이 산소를 실어 나를 수 없게 되죠. 일산화탄소는 연료가 불완전 연소한 난로나 자동차 엔진에서 발생합니다. 모든 운전자는 일산화탄소가 흩어질 수 있는 실외나 환기가 잘 되는 곳에서 엔진의 시동을 걸어야 합니다.

CO　　　　CO_2

화학 = 유기학

화학적인 방법과 생명체를 이용하는 유기적인 방법, 이렇게 두 가지 방식으로 이산화탄소를 만들어 볼까요?

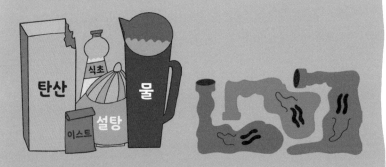

1. 병 2개, 탄산, 식초, 이스트(효모균), 설탕, 따뜻한 물, 풍선 3개를 준비합니다.

2-1. 화학적 방법: 병에 탄산을 붓고 곧바로 식초를 넣어 주세요. 그래야 기체가 증발하지 않아요. 병목에 풍선을 씌운 채 풍선이 부풀어 오를 때까지 기다립니다.

2-2. 유기적 방법: 설탕과 이스트를 병에 넣고 따뜻한 물을 부어주세요. 병목에 풍선을 씌워줍니다 (서두르지 말고 느긋하게 기다릴 필요가 있어요. 몇 시간이 걸릴 테니까요).

3. 양쪽 풍선 모두 팽팽하게 부풀어 오를 거예요. 풍선을 동여맨 다음 각각의 특성을 살펴봅시다!

3-1. 기체를 채운 양쪽 풍선의 무게를 이와 같은 부피의 공기로 채운 풍선의 무게와 비교해 보세요.

3-2. 촛불을 켜고 3개의 풍선 공기 주입구를 불꽃을 향해 열어 기체를 내보냅니다.

4. 풍선 속의 기체는 모두 공기보다 무거워서 촛불을 꺼버립니다. 우리가 얻은 것은 이산화탄소입니다!

이스트를 사용해서 얻은 이산화탄소는 마트에서 자랑스럽게 '유기농'이라 부를 만한 제품입니다. 반면, 탄산과 식초를 이용해 생성된 이산화탄소는 흔히 '화학적'이라고 여겨집니다. 하지만 이 둘 사이에는 아무런 차이가 없어요! 어떤 방식으로 물질을 얻었든, 그 성질은 항상 동일합니다. 이는 물질의 성질이 오직 분자를 구성하는 원자의 종류와 배열에 의해 결정된다는, 화학의 중요한 법칙입니다.

유기 화학
ORGANIC CHEMISTRY

😌 4개의 팔

탄소는 바깥층에 4개의 전자가 있습니다. 덕분에 4개의 다른 원자와 동시에 결합할 수 있어서 매우 복잡한 분자도 형성할 수 있

어요. 한번 생각해 보세요. '활동 중인' 하나의 전자를 가진 원소라면 기껏 해야 2개의 원자로 이루어진 분자밖에 만들 수 없습니다. 2개의 전자라면 사슬이나 고리 정도의 분자도 가능할 겁니다. '팔'이 3개만 달려도 원소는 상당히 복잡한 구조를 만들어 낼 수 있습니다. 그러다 팔이 4개로 늘어나면 일일이 헤아리기 어려울 만큼 경우의 수가 많아집니다! 이렇게 탄소를 바탕으로 복잡하게 '가지를 뻗은' 물질을 '유기 화합물'이라고 일컫지요. 이에 대해서는 이어지는 내용에서 자세히 살펴봅시다.

탄소의 무기 화합물도 존재할까요? 물론입니다. 탄소의 산화물, 탄산, 탄산염이 여기에 해당하죠. 베이킹 소다는 이미 우리에게 친숙한 탄산염

중 하나예요. 이들 화합물의 분자는 그리 복잡하지도 않고 가지도 많지
않아요.

🙂 탄수화물

가장 널리 알려진 유기 물질은 탄수화물이에요. 당분, 전분, 섬유소는
모두 탄수화물에 속합니다. 곤충의 몸을 덮고 있는 키틴질 역시 탄수화물
의 일종이죠. 아래는 포도당의 분자 구조를 보여줍니다. 건조한 상태에
서 탄수화물은 사슬 모양으로 뻗어 있다가 물속에 들어가면 고리 모양으
로 둥글게 말리면서 구조 면에서 약간 다른 모습을 보이죠.

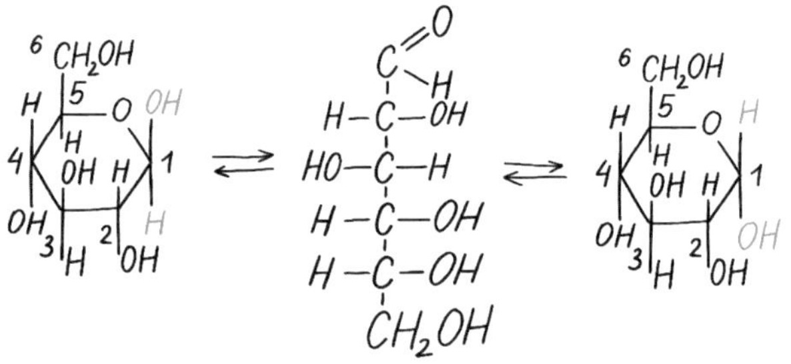

다음은 자당의 구조
를 보여줍니다. 자당은
흔히 우리가 식품에 넣
어 먹는 설탕으로 보면
됩니다. 자당 분자는 포

자당   포도당 + 과당

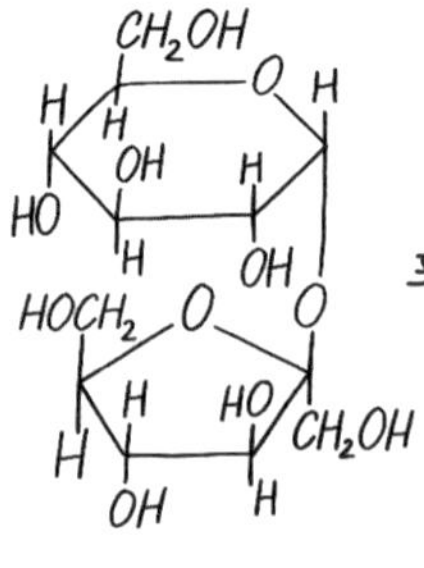

도당과 과당이 '정면으로' 연결되어 있어요.

포도당 분자를 길게 연결하면 섬유소를 얻을 수 있어요. 또 포도당 분자가 가지를 뻗은 '나무' 형태가 되면 전분이 되죠. 수백, 수천 개의 '고리'로 복잡한 구조를 가진 당분은 영양학에서는 단순히 탄수화물, 전분, 섬유소 등으로 불린답니다.

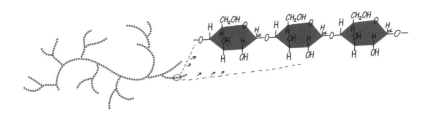

지방

다음으로 소개할 유기 물질은 지질이에요. 가장 널리 알려진 지질은 지방입니다. 지방은 하나의 글리세롤 분자에 3개의 지방산 분자가 결합한 물질이죠. 지방을 많이 섭취하면 건강에 해로워요. 하지만 지방을 전혀 안 먹을 수는 없어요. 세포막과

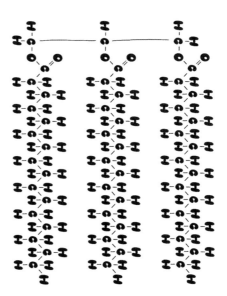

에너지 비축을 위해 꼭 필요한 영양소이기 때문이죠.

식물성 지방은 대개 액체 형태로 존재하는 기름입니다.

😀 탄화수소

그 밖의 유기 물질로는
탄화수소가 있어요. 먹지
는 않아도 우리는 일상에
서 탄화수소를 자주 이용
합니다. 이를테면 주방에

서 쓰는 천연가스(메테인)를 예로 들 수 있죠. 메테인 분자는 1개의 탄소
원자에 4개의 수소 원자가 결합해서 이루어집니다.

-CH₂-족에 메테인을 추가하면 그 밖의 탄화수소를 얻을 수 있어요.

에테인 C_2H_6 프로페인 C_3H_8 부테인 C_4H_{10}

♥ 어느 것이 더 달까요?

지나친 당분 섭취는 건강에 해로워요. 그래도 정말 단것이 당길 때가 있죠. 이때 우리 뇌는 포도당을 먹고 싶은 욕심에 사로잡히게 됩니다. 그럼 자기도 모르게 단것에 먼저 손이 갈 거예요. 당분이 덜 들어간 것을 먹고 싶지만 단맛을 포기할 수 없다면 방법이 있기는 합니다. 과당은 자당보다는 1.5배, 포도당보다는 2배나 더 달아요.

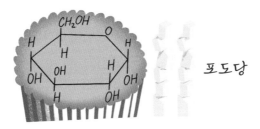

포도당

과당으로 구운 파이는 사탕만큼의 단맛을 낼 수 있고 파이에 들어가는 설탕도 1.5배나 줄일 수 있답니다! 그렇다고 마냥 좋은 것만은 아니에요. 지나친 과당 섭취는 비만을 초래하니까요.

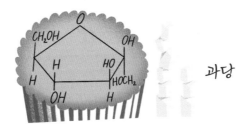

과당

중합체

POLYMERS

☺ 사슬

수많은 유기 물질 분자는 고리 사슬처럼 반복되는 원소로 이루어져 있습니다. 그런 물질은 중합체(폴리머polymer)로 불리며, 그런 고분자를 이루는 고리는 단위체(모노머monomer)로 불립니다.

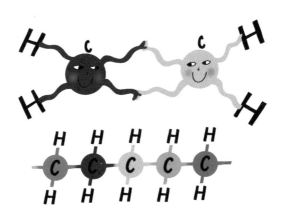

가장 널리 알려진 중합체 중 하나는 폴리에틸렌이에요. 폴리에틸렌을 이루는 각각의 고리는 탄화수소 에틸렌에서 형성됩니다. 에틸렌은 에테인과 비슷하지만, 탄소 원자끼리 2개의 '손'으로 잡은 '이중 결합'으로 연결되어 있어요. 중합 과정에서 탄소 원자는 한 쌍의 손을 '풀고' 사슬에 있는 다른 원자에 달라붙습니다.

폴리염화비닐(PVC)은 염화비닐이 사슬처럼 이어진 구조예요. 에틸렌과 매우 비슷하지만, 수소(H) 하나의 자리를 염소(Cl)가 대신하고 있죠.

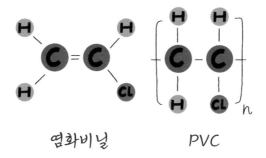

염화비닐   PVC

😊 생물 고분자 물질

화학자들 사이에는 인류가 석기 시대, 청동기 시대, 철기 시대를 거쳐 중합체 시대에 이르렀다는 유명한 농담이 있습니다. 실제로 중합체는 오늘날 우리 주변 어디서든 쉽게 찾아볼 수 있어요.

그렇다면 중합체라는 것이 과연 최근에야 나온 물질일까요? 그렇지 않아요. 선사 시대 대초원에서 나무 막대기로 감자 같은 것을 캐던 인류의 조상도 이미 중합체를 사용하고 있었어요. 나무의 기초를 이루는 섬유소 역시 중합체인 '폴리글루코스polyglucose(49쪽 참조)'에 속하니까요. 또 섬유소와 더불어 나무의 상당 부분을 차지하며 훨씬 더 큰 힘을 제공하는

리그닌^{lignin} 역시 중합체에 속
합니다.

모든 단백질과 핵산 역시 중
합체이기 때문에 우리 몸도 중
합체로 이루어져 있다고 볼 수
있습니다. 따라서 우리가 살아
가는 지구에서 중합체 시대는
생명체가 처음 출현한 40억 년
전 혹은 그보다 좀 더 앞선 시
기에 이미 시작되었다고 봐야
할 거예요.

🙂 고무의 역사

천연고무를 처음 발견한 사
람들은 아메리카 인디언입니
다. 이들은 공기 중에 두면 굳
는 고무나무 수액을 수집했어
요. 마야족과 아스텍족은 이
런 고무를 이용해 신발은 물
론 놀이용 공을 만들었죠. 튀

어 오르는 공을 이용한 스포츠는 스페인과 포르투갈에서 온 정복자들 사이에서 매우 인기가 높았어요. 크리스토퍼 콜럼버스Christopher Columbus는 15세기에 이 공을 유럽으로 가져갔지만, 유럽에서는 별 관심을 받지 못했습니다. 그렇게 3세기 동안 세상의 관심 밖에 있다가 프랑스 탐험가 샤를 마리 드 라 콩다민Charles Marie de la Condamine이 다양한 고무 표본을 가져와 고무 사용법을 찾기 시작했어요. 그로부터 얼마 안 가 고무로 된 옷과 신발이 유럽에서 크게 유행하기 시작했죠.

오늘날 고무는 주로 정유 과정에서 얻는답니다. 현재 우리가 사용하는 고무는 단순한 경화고무가 아니라 유황화합물을 추가해 강도를 높인 고무예요.

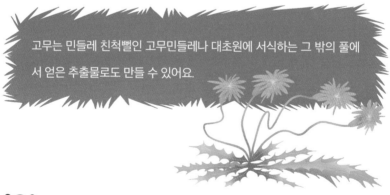

고무는 민들레 친척뻘인 고무민들레나 대초원에 서식하는 그 밖의 풀에서 얻은 추출물로도 만들 수 있어요.

아는 것이 힘이다!

플라스틱 물건에는 대개 성분 표시가 되어 있습니다. 상품에 표시된 기호를 주의 깊게 살펴보는 일은 중요하답니다.

가령 01 PET(폴리에틸렌 테레프탈레이트, 폴리에스터)는 뜨거운 음료를 담아 마시기에 적합하지 않아요. 또 03 PVC(폴리염화비닐)를 불이나 난로에서 태우면 안 됩니다. 불에 태우게 되면 독성이 강하고 분해 속도가 느린 다이옥신을 배출하기 때문이죠.

알아두면 좋은 세탁법

튀김 요리를 하다가 레인지에 기름이 튀면 즉시 닦아내는 것이 좋아요. 대개 금방 생긴 오염은 기름을 빨아들이는 흡착제(소금, 전분, 활석, 백악 등)로 완벽히 제거됩니다. 흡착제를 뿌리고 30분 정도 지나 닦아내면 기름이 제거되죠. 흡착제는 옷이나 가구에 묻은 기름도 제거할 수 있어요. 하지만 세탁을 미루면 중합 반응*을 일으킨 기름이 강력한 막을 형성해 기름때 제거가 훨씬 어려워집니다. 그럼 알칼리(이 성분의 위험성에 대해서는 110~111쪽 참조)가 들어 있는 세제에 의존할 수밖에 없어요.

---

* 중합 반응: 단위체로 불리는 간단한 분자들이 2개 이상 결합해 거대한 고분자 물질을 만드는 반응.

소수성과 친수성
HYDROPHOBIC AND HYDROPHILIC

 모든 물질이 물과 친한 것은 아니에요

수채화 물감과 불투명 수채화 물 감은 물로 쉽게 지워져도 유화 물 감은 그렇지 않죠. 왜 그럴까요? 모 든 물질은 '물을 좋아하는' 친수성 물질과 '물을 무서워하는' 소수성 물질로 나눌 수 있어요.

친수성 물질에는 하나의 원자가 이웃한 원자의 전자를 자기 쪽으로 강 하게 끌어당기는 다양한 극성 기[*]가 들어 있어요. 이를테면, -OH기가 여기에 속하죠. 그런 기를 가진 물질은 물 분자와 쉽게 수소 결합을 하고 수용액의 일부가 됩니다.

---

* 기: 다른 화합물로 변화할 때 분해되지 않고 마치 한 원자처럼 작용하는 원자단.

설탕, 소금, 유기산, 알코올 등은 친수성 물질에 속합니다. 섬유소 역시 친수성 물질에 속하죠. 섬유소는 물에 녹지는 않지만 사실상 물을 '녹인 다고' 봐야 할 거예요. 종이는 수분을 완벽하게 흡수하니까요.

소수성 물질에는 극성 기가 거의 들어 있지 않아요. 이런 물질은 다음 과 같이 주로 탄화수소 사슬이나 고리로 이루어져 있습니다.

$$CH_3(CH_2)_{16}COOH$$

스테아르산
(stearic acid)

벤젠 고리
(benzene ring)

지방, 기름, 밀랍, 수지, 석유 제품은 소수성 물질에 속합니다. 이런 물질은 물에 녹지 않고 오히려 밀쳐내죠. 하지만 소수성 물질끼리는 대체로 서로 잘 섞입니다. 덕분에 유성 페인트는 테레빈유나 등유로 지울 수 있답니다.

당신 품에서 녹는 중이에요….

☻ 립스틱과 크림

'머리에 포마드를 바른다'는 얘기는 한 번쯤 들어본 적이 있을 거예요. 그럼 사람들은 머리끝부터 발끝까지 립스틱을 발랐던 걸까요?

예전에는 사과와 지방으로 만든 '포마드('사과'를 뜻하는 라틴어 'pomum'에서 유래된 단어)'가 치료용 연고로 쓰였어요. 소수성 지방은 외부의 물을 밀쳐내고 내부의 물은 간직하는 성향이 있답니다. 입술이 마르지 않도록 보호하는 오늘날의 립스틱처럼 말이죠.

어떤 종류의 크림이든 유화액 형태로 되어 있어요. 크림 속의 물과 지방 성분은 다른 형태의 물질과 교묘하게 섞인 채 피부에 흠뻑 스며듭니다. 하지만 지방이 물을 밀쳐낸다면 크림 잔여물을 어떻게 씻어낼 수 있을까요? 지방산을 이보다 더 잘 녹는 염분으로 바꿔주는 알칼리성 비누를 이용하면 됩니다. 그런데 그런 비누는 피부에 필요한 지방까지도 몽땅 씻어내기 때문에 피부를 건조하게 만드는 단점이 있죠.

이때 '양친매성' 물질이 구원투수로 나설 거예요. 이들은 마치 양서류처럼 '친수성 머리'와 '소수성 꼬리'를 모두 가진 분자랍니다. 그런 분자는 '미셀micelle*'로 불리는 커다란 구조로 모입니다.

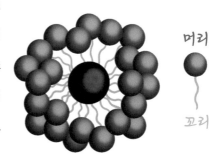

머리

꼬리

---

* 미셀: 작은 분자의 응집으로 형성된 교질 입자.

미셀이 들어간 화장품을 '미셀라 워터micellar water'라고 해요. 사실 비누 거품도 미셀입니다. 비누 분자들이 공기 방울과 함께 공처럼 뭉쳐 있는 구조죠. 참고로, 비누 분자는 양친매성 분자의 대표적인 예입니다. 한쪽 끝은 지방을 녹이고, 다른 쪽 끝은 물에 녹아들어요. 그래서 비누가 기름때를 잘 없애는 거랍니다.

매니큐어 지우는 방법

손톱에 바르는 매니큐어나 나무 마루에 바르는 바니시는 유기 용매나 물에 수지나 중합체를 녹인 용액입니다. 이들 용액은 마르면서 얇고 단단한 막을 형성해요. 바니시에 들어가는 용매는 바니시의 성분에 따라 선택해야 합니다.

일반적인 매니큐어는 흔히 아세톤 같은 극성 용매로 잘 지워져요. 오늘날 사용되는 매니큐어 제거제에는 부틸 아세테이트butyl acetate나 아세트산 에틸ethyl acetate이 들어 있어요. 이들 물질에서는 그렇게 나쁜 냄새가 나지는 않아요.

부틸 아세테이트

♥ 유화액

물속에서 소수성 물질은 분해되지 않습니다. 하지만 물 위로 떠다니는 몇 방울의 유화액은 얻을 수 있어요. 이때 얻게 되는 일부 유화액은 눈에 보일 뿐만 아니라 '먹을 수도' 있답니다. 우유, 수많은 소스, 마요네즈, 크림처럼 말이죠.

색채 화학
CHEMISTRY OF COLOR

화학자의 눈에 보이는 색깔

이미 살펴본 대로(29쪽 참조) 원자 내부의 전자는 에너지 준위energy level
로 불리는 다양한 '층'에서 살아갑니다. 탄소의 경우, 처음 2개의 층은 채
워져 있죠(첫 번째 층은 완전히, 두 번째 층은 절반만큼 채워져 있어요). 하지만 이
들 층 위로 세 번째 층, 네 번째 층 등은 모두 비어 있습니다. 빛을 비춘다
든지 하는 방식으로 원자에 에너지를 얼마간 제공하면(빛은 많은 양의 에너
지를 전달하죠) 전자는 더 높은 층으로 튀어 올랐다가 다시 아래층으로 '떨
어질' 수 있답니다. 이런 '낙하' 에너지는 대개 빛의 입자(광자)로 변환됩니
다. 층간 높이차가 크다면 원자
는 푸른색 광자를 배출하고, 작
다면 붉은색 광자를 배출할 거
예요. 높이차에 따라 배출되는
광자의 색깔이 다른 거죠.

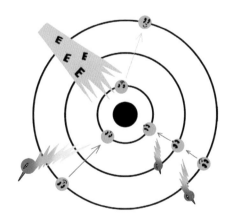

이는 무기 물질에 '색깔이 입
혀지는' 방식을 보여줍니다. 유

기 분자에서 원자는 흔히 전자를 모아들입니다. 전자는 동시에 여러 '주인들' 사이를 오간답니다. 전자가 날아다니는 영역을 구름이라고 상상해 볼 수 있어요. 이 경우, 이런 전자구름은 분자 전체

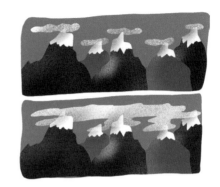

에 걸쳐 뻗어 있어 분자 구름으로도 불리죠.

분자 구조를 살짝 바꿔볼까요? 그럼 분자 구름 역시 살짝 바뀔 거예요. 구름은 에너지를 흡수했다가 그와 다른 양의 에너지를 배출하기 시작할 겁니다. 이는 구름이 배출하는 광자의 에너지 역시 바뀐다는 의미예요. 우리는 물질의 색깔 변화를 눈으로 확인할 수 있죠.

☺ 고대의 염료

고대의 염료는 대부분 유기 물질이었어요. 선홍색을 띤 카민 염료는 곤충에게서 얻은 카민산carminic acid의 착염*입니다. 고대인들은 연체동물로

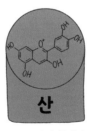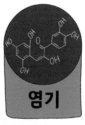

산성 환경과 염기성 환경의
펠라르고니딘 분자 색깔 비교

---

* 착염: 염은 산과 염기의 중화반응에서 형성되는 이온성 화합물로서 단염, 복염, 착염으로 구분되며, 이 중에서 착염은 착이온을 함유한 염을 뜻한다.

부터 자주색을 얻고 열대 식물에서 남색을 얻었죠.

그렇다면 흰옷은 어떻게 만들었을까요? 식물성 섬유질에서 얻은 직물은 대개 누런빛을 띤 회색입니다. 우선 표백을 준비하려면 잿물(재를 물에 탄 고농도 용액)에 담가두었을 겁니다. 그런 다음 아마포(리넨)를 햇볕에 펼쳐 말렸을 거예요. 자외선과 공기 중의 산소와 접촉하면 아마의 섬유질이 산화하면서 직물은 흰색으로 바뀌니까요.

식물의 추출액에서 얻은 수많은 염료는 옷의 셀룰로스 섬유와 굳게 결합하여 쉽게 지워지지 않습니다. 하지만 가열하면 물과 반응하면서 아무런 색을 띠지 않는 합성물을 형성하죠. 따라서 티셔츠에 비트나 체리가 묻으면 팔팔 끓는 물에 넣어 열탕 처리를 하는 것이 최고의 해결책입니다. 얼룩이 금세 사라질 테니까요.

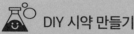 DIY 시약 만들기

분자의 구조와 색깔을 바꿔볼까요? 이보다 쉬울 수는 없을걸요!

1. 체리, 블랙베리, 비트, 붉은 양배추 가운데 하나를 선택하여 즙을 추출합니다. 아니면 붉은색, 자주색, 푸른색을 띤 다른 과일이나 채소도 괜찮아요.

2. 추출액을 셋으로 나눕니다. 첫 번째에는 탄산을 소량 추가하고, 두 번째에는 그보다 많은 양의 암모니아를 추가하고(둘 다 알칼리성 환경을 형성하지만, 암모니아가 더 강합니다), 세 번째에는 구연산이나 아스코르브산(비타민 C)을 추가합니다.

3. 추출액은 산성 환경에서는 붉은색, 강알칼리성 환경에서는 푸른색, 약알칼리성 환경에서는 자주색으로 변합니다.

4. 산성과 알칼리성 환경에서는 염료 분자가 재배열되면서 색깔이 바뀝니다.

5. 드디어 시약이 완성되었어요! 시약이란 색깔로 용액의 산도를 보여주는 물질이랍니다.

6. 스크램블드에그를 만들기 전에 붉은 양배추즙을 조금만 넣어보세요. 물론 맛은 보장합니다!

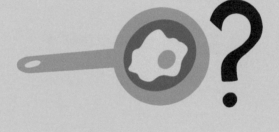

요리 속의 화학
KITCHEN CHEMISTRY

🤖 어디에든 존재하는 화학

우리는 날마다 수많은 화학 반응
을 경험하며 살아갑니다. 주방에서
는 특히나 더 그렇죠. 누군가의 말
처럼 '어디든 화학 물질이 있어서'
가 아닙니다. 커피콩을 볶고, 파이
를 굽고, 고기로 스튜를 끓이고, 양
배추를 발효시키고, 달걀 요리를
하는 모든 행위가 화학 반응이기
때문입니다!

🧹 마이야르 반응 Maillard reaction

여러분은 당장 주방으로 건너가 엄마나 할머니에게 당신들이 지금 마
이야르 반응을 일으키는 중이라고 말할 수도 있어요. 프랑스 의사인 마이
야르는 가열한 물질에 나타나는 변화를 연구해 오븐이나 프라이팬으로

빵과 고기 겉면을 먹음직스럽게 굽는 비밀을 알아냈답니다. 식품에 언제나 존재하는 단백질과 당분 속의 아미노산끼리 반응한다는 사실이 밝혀진 거죠. 화학 반응이 일어나는 동안에는 새로운 물질이 형성됩니다. 튀김 요리가 '불그스름한' 색을 띠게 만드는 황갈색의 멜라노이딘melanoidins, 음식을 더욱 맛있게 만들어주는 온갖 종류의 방향족 화합물이 여기에 해당하죠. 마이야르 반응이 어떻게 일어나는지 확인해 볼까요?

1. '펼쳐진' 형태의 당분(48쪽 참조)은 단백질의 아미노산 속에 있는 아미노기(-NH₂)와 반응합니다. 이 경우 물 분자는 쪼개집니다.

$$\text{-}\overset{\overset{H}{|}}{C}\text{-}\overset{\overset{H}{|}}{\underset{\underset{OH}{|}}{C}}\text{-}\overset{\overset{H}{|}}{\underset{\underset{O}{|}}{C}} \quad H_2N\text{-}R \xrightarrow{\quad\quad} \text{-}\overset{\overset{H}{|}}{C}\text{-}\overset{\overset{H}{|}}{\underset{\underset{OH}{|}}{C}}\text{-}\overset{\overset{H}{|}}{\underset{\underset{N\text{-}R}{|}}{C}} \quad H_2O$$

2. 결합한 분자에서 아마도리 전위Amadori rearrangement로 불리는 원자의 재배열이 이루어집니다. 이 단계에서 탄산의 OH⁻ 이온은 아주 쓸모가 있죠.

$$\begin{array}{ccc}
& \overset{H}{|} & \overset{H}{} \\
\xi-\overset{|}{\underset{|}{C}}-\overset{|}{\underset{||}{C}}-\overset{|}{\underset{|}{C}}\!\!\!-H \\
& \underset{OH}{}\,\underset{O}{}\quad \underset{HN-R}{}
\end{array}$$

3. 변화가 더 이루어지면 다양한 물질이 형성됩니다.

$$\begin{array}{lll}
\xi-\overset{H}{\underset{OH}{C}}-\overset{}{\underset{O}{C}}-\overset{H}{\underset{O}{C}} \quad &
\xi-\overset{}{\underset{O}{C}}-\overset{}{\underset{O}{C}}-\overset{H}{\underset{HN-R}{C}}\!\!-H \quad &
\xi-\overset{}{\underset{O}{C}}-\overset{}{\underset{O}{C}}-CH_3
\end{array}$$

☠ 화상 주의!

   프라이팬에서 일어난 화학 반
응으로 얻은 생성물이 사람에게
유익한 것만은 아니에요. 음식을
태우면 독성이 있는 발암성 아크
릴아마이드가 형성됩니다. 지나
치게 익힌 요리는 맛도 없을뿐더
러 건강에도 매우 해로워요.

🧹 탄산을 이용한 캐러멜화

   음식을 과도하게 가열하면 우리 몸에 안 좋아요. 프라이팬에 가스나
전기를 최대치로 올려서는 안 된다는 말이에요. 하지만 사람들은 대개 요

리를 빨리 끝내고 싶어 하죠. 그렇다면 온도를 높이지 않고도 마이야르 반응의 속도를 높일 수 있는 방법이 있을까요?

네, 가능합니다. 마이야르 반응은 알칼리성 환경에서 더 빠르게 일어나죠. 흔히 얻을 수 있는 베이킹 소다를 넣으면 알칼리성 환경으로 바꿀 수 있어요. 베이킹 소다는 알칼리성 반응을 약하게 일으키죠. 양파를 볶을 때 베이킹 소다를 한꼬집 뿌려보세요. 그러면 양파가 황금색을 띠면서 훨씬 빨리 좋은 향을 낼 겁니다.

알아두면 쓸모 있는 양파 요리 팁

양파를 다지면 눈물이 난다는 사실을 모르는 사람은 없을 거예요. 알뿌리 세포에는 서로 결합하면 최루 가스를 형성하는 물질이 들어 있어요. 세포가 온전한 상태일 때 전구체* 물질은 저마다 다른 '칸'에 저장되어 있죠. 하지만 양파를 자르면 전구체 물질끼리 만나 반응을 하게 됩니다. 최루 가스가 눈으로 들어오면 황산을 형성하죠. 맞아요. 아주 적은 양으로도 눈물샘을 자극하기에 충분할 거예요.

---

* 전구체: 다른 화합물을 생성하는 화학 반응에 참여하는 물질.

어떻게 하면 이 현상을 줄일 수 있을까요? 첫째, 양파를 자르기 전 냉장고에 몇 분 동안 넣어두는 겁니다. 서늘한 곳에서는 모든 화학 반응의 속도가 느려지니까요. 둘째, 칼을 잘 갈아두세요. 무딘 칼은 양파를 자른다기보다는 세포를 으깨버려 손상을 입히기 때문이죠. 셋째, 칼을 차가운 물에 자주 헹궈 전구체 물질을 씻어냅니다. 넷째, 잘게 다진 양파에 식물성 식용유를 뿌려주세요. 눈물이 나게 하는 물질은 친수성(58쪽 참조)이어서 지방층은 통과하지 못할 테니까요.

의약품과 향수
MEDICINES AND PERFUMES

고대의 약

사람들은 아주 오랜 옛날부터 약을 사용해 왔어요. 고대 이집트인들의 약 조제법은 오늘날까지도 전해져 내려오고 있죠. 예나 지금이나 약 대부분은 복잡한 유기 화합물입니다.

구부러진 열쇠

수많은 약은 저마다 다른 효과를 냅니다. 그러나 상당수의 약은 특정한 효소를 방해하죠. 효소는 생화학 반응을 수천 배로 촉진하는 촉매(215쪽 참조) 역할을 할 뿐 그 자체로는 반응에 이용되지 않아 '재사용'할 수 있

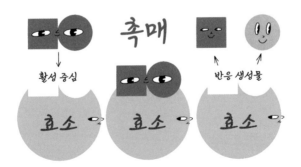

어요. 한마디로, 사실상 효소 없이는 화학 반응이 일어나지 않아요.

효소 분자는 반응을 수행하기 위해 '열쇠-자물쇠' 원리에 따라 반응물과 결합합니다. 그러려면 효소의 활성 중심*과 그것이 변화시킨 반응물이 퍼즐 조각처럼 서로 꼭 들어맞아야 해요. 그런데 비슷하기는 하지만 딱 들어맞지 않는 열쇠를 자물쇠에 끼운다고 생각해 보세요. 그러면 열쇠가 구부러져 자물쇠를 열 수도, 열쇠를 뺄 수도 없는 상황에 이르고 말겠죠. 자물쇠가 망가진 겁니다!

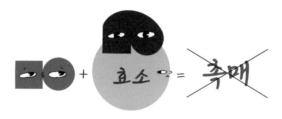

약은 대부분 이렇게 구부러진 열쇠나 다름없습니다. 효소의 활성 중심에 '달라붙어' 막고 있는 겁니다. 가령 항생제로 쓰이는 페니실린은 세포막의 물질을 합성하는 세균성 효소를 차단하죠. 세포막이 없다면 세균은 죽고 말 거예요.

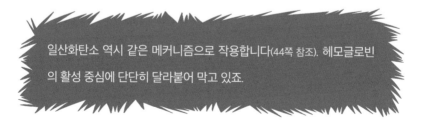

일산화탄소 역시 같은 메커니즘으로 작용합니다(44쪽 참조). 헤모글로빈의 활성 중심에 단단히 달라붙어 막고 있죠.

---

* 활성 중심: 촉매의 표면에서 반응 물질이 촉매 작용을 받는 특정한 부위.

😊➕ 향수

　화학적 관점에서 냄새는 우리의 후각 기관에 포착된 엄청난 수의 방향족* 분자가 뒤섞인 혼합물에 해당합니다. 이들 분자는 일정한 온도에 이르면 사라지고 말죠. 조향사가 퍼퓸과 연한 향수의 일종인 오 드 콜로뉴를 만들 때는 이런 점을 고려합니다. 우리 몸의 열기(36~37℃)로 인해 가장 가벼운 방향족 분자가 우선 날아가 버립니다. 조향사는 이를 톱 노트 top note 혹은 헤드 노트 head note 라고 부르죠. 그보다 무거운 분자는 피부에 남고, 이는 하트 노트 heart note 혹은 베이스 노트 base note 로 불립니다. 가령 주방에서는 톱 노트에 해당하는 향이 리모넨** 냄새일 수 있습니다. 리모넨은 녹색의 나뭇잎, 갓 베어낸 풀에서 나는 냄새의 근원이죠. 리모넨의 증발 온도는 상당히 낮은 40~50℃입니다.

---

* 방향족: 분자 속에 벤젠 고리를 가진 유기 화합물을 통틀어 이르는 말.
** 리모넨: 소나무나 감귤류 껍질 정유에서 추출되는 무색의 탄소와 수소로 이루어진 지방족 탄화수소. 특유의 향 때문에 식품 첨가제나 화장품의 향을 내는 성분으로 이용된다.

소화 효소는 어떻게 작용할까?

효소의 작용을 우리 눈으로 직접 확인해 볼까요? 췌장의 소화 효소를 예로 들어보죠. 판크레아틴을 기반으로 한 소화제가 여기에 속합니다.

1. 수프를 그릇에 덜고 여기에 소화제를 녹입니다. 그런 다음 혼합물을 넷으로 나눕니다. 첫 번째 수프는 따뜻한 곳에 두고, 두 번째 수프는 60~70℃로 가열합니다. 세 번째 수프에는 식초나 구연산을 부어주고, 네 번째 수프에는 탄산을 넣어줍니다.

2. 따뜻한 곳에 놓아둔 수프는 상당히 빠른 속도로 분해되어 장내 유미즙과 비슷하게 변할 거예요. 열을 가하거나 산성인 환경에 놓아둔 수프는 그대

로일 겁니다. 산이 췌장 효소의 활동을 방해하고 높은 온도가 췌장 효소를 파괴했기 때문이죠. 탄산을 넣은 약알칼리성 환경에서는 소화가 특히 활발히 이루어집니다.

3. 이제 우리는 실수로 수프에 소화제를 떨어뜨렸을 때 가능한 한 빨리 그것을 건져내야 하는 이유를 알게 되었어요. 그렇지 않으면, 수프는 여러분이 상상하는 것처럼 변하고 말겠죠!

질소
NITROGEN

팔방미인

질소의 바깥쪽 껍질에는 5개의 전자와 3개의 텅 빈 '방'이 있어요. 다른 원자로부터 3개의 전자를 끌어당기는 동시에 더 강한 원자(예를 들면, 산소)에 1개, 2개, 3개, 4개, 5개 전자를 모두 내줄 수도 있습니다. 우리는 질소가 단계마다 1개, 3개, 5개의 '손'으로 다른 원자들을 붙잡고 있는 물질과 만날 수도 있어요!

가령 3개의 수소 원자와 결합한 질소는 암모니아를 형성합니다. 암모니아 분자에서 수소보다 '강한' 질소는 자기 쪽으로 전자를 살짝 끌어당

겁니다. 물에 녹인 암모니아 수용액은 요소수로 불리죠. 톡 쏘는 듯한 특유의 냄새는 과거에 젊은 여성들이 기절한 후 의식을 돌아오게 만드는 데 사용됐어요.

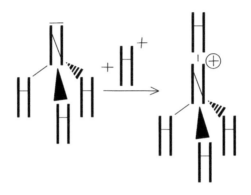

물에 녹은 암모니아는 H^+ 이온에 달라붙어 암모늄 이온(NH_4^+)으로 바뀝니다. 암모늄염은 중요한 질소 비료에요.

$$N \equiv N^+ - O^-$$

질소는 산소에 단 하나의 전자를 양보함으로써 웃음가스로 불리는 아산화질소(N_2O)를 형성하죠. 아산화질소는 가벼운 마취 효과가 있어서 진통제로도 이용됩니다. 하지만 산소 원자가 질소로부터 5개의 전자를 모두 끌어내는 데 성공한다면 오산화이질소(N_2O_5)를 얻게 됩니다. 이 산화물이 물에 녹으면 질산이 발생하고 염이 된 질산은 질산염으로 불립니다. 아질산도 존재하며 소금이 된 아질산을 아질산염이라고 하죠.

솔직히 말하자면, 질소는 전자를 주려고도 하지 않고 받으려고도 하지 않아요. 결국 질소는 지구상에서 주로 기체(N_2) 형태로 존재하며 분자 속 원자들은 '형제처럼' 전자껍질을 한데 합치는 친밀감을 보입니다.

공기처럼 필요한 질소

질소는 지구 대기의 약 78%를 차지하는 물질입니다. 또 생명체에게는 가장 중요한 원소 가운데 하나이기도 하죠. 질소가 없다면 단백질과 DNA도 존재하지 않을 테니까요.

토양에 질소가 부족한 경우가 종종 있습니다. 식물과 동물 모두 공기 중에서 질소를 흡수할 수는 없어요. 질소가 N_2 분자의 형태로 존재하려는 경향이 강하다는 점을 고려하면 그리 놀랍지 않은 일이죠. 질소 고정 세균으로 불리는 일부 세균만이 대기 중의 질소를 붙잡아 이를 암모늄염으로 바꿀 수 있어요. 하지만 질소 고정 세균은 수백만 년에 걸쳐 질소 비료를 충분히 만들어 내지 못했습니다.

그 밖의 세균도 존재합니다. 암모늄을 질산염으로 산화시키는 세균이

있는가 하면 호흡을 위해 질산
염에서 산소를 '추출'했다가 대
기 중에 기체의 형태로 질소를
배출하는 세균도 있어요. 질소
고정 세균의 입장에서는 무례
하기 짝이 없죠!

N_2
N_2
N_2
N_2 공기 중의 질소
N_2
N_2

동물의 몸에 있는 단백질

식물은
질소를
단백질로
바꾸어 줍니다

요소와 요산

질소 고정 세균

NH_4^+

NO_3^-

식물은 질산염을
암모늄으로
바꾸어 줍니다

질화균

탈질화균

☺ 화약

질소는 5개의 전자를 모두 산소에 내주기보다는 일부의 전자라도 되돌려받으려고 합니다. 질산과 질산염이 강력한 산화제인 것도 바로 이 때문이죠. 질산과 질산염은 적극적으로 산소를 '내보낸' 뒤에 다른 원자로부터 전자를 얻는 산화 반응을 수행합니다.

중국인들은 9세기 이전에 이런 비밀을 밝혀냈답니다. 부서진 석탄, 황, 초석(질산칼륨)을 한데 섞어 화약을 만들었던 거죠. 석탄과 황은 연료의 역할을 합니다(석탄은 많은 열기를 내뿜고, 황은 쉽게 불이 붙죠). 초석은 연소에 필요한 산소를 공급합니다. 덕분에 좁은 공간에서도 화약을 태울 수 있죠. 공기 중 산소가 필요하지 않고, 그걸 스스로 가지고 있기 때문입니다.

☠ 시안화물

질소 화합물 중에는 치명적인 독성을 가진 것도 있어요. 그 예로 시안화수소산(청산)과 시안화수소산의 염인 시안화물(청산염)을 들 수 있죠.

$$H-C\equiv N$$

시안화칼륨(청산가리)을 모르는 사람은 없을 거예요. 하지만 치사율로 보자면 다른 시안화물도 크게 뒤지지 않아요.

시안화수소산은 독성이 그리 강하지 않아요. 쓴맛이 나는 아몬드, 자두, 사과 씨를 먹으면 소량의 시안화수소산을 섭취하게 됩니다. 따라서 지나치게 많은 양은 먹지 말아야 해요.

 ## 지옥의 불구덩이

뿌리째 뽑기 힘든 오래된 나무 밑동이 정원에 남아 있다면 초석으로 태워버리면 됩니다. 초석은 원예용품점에서 비료로 판매됩니다.

KNO_3

1. 나무 밑동에 구멍을 내고 드릴로 깊게 파냅니다.

2. 구멍에 초석을 붓고 나무에 완전히 스며들도록 기다립니다.

3. 밑동이 마르고 나면 그 위에 불을 붙입니다.

4. 그러면 밑동이 불에 타면서 나무가 안쪽부터 완전히 타들어 갈 겁니다. 나무를 적셨던 초석은 산소의 공급원 역할을 하게 될 거예요.

♥ 무서운 질산염

토양에는 질소가 부족한 경우가 많아 농부들은 질산염을 비롯한 질소 비료를 폭넓게 사용합니다(식물은 질소 비료를 쉽게 암모늄으로 바꿔 여기서 단백질을 만들어 냅니다). 그런데 식물 조직에 축적된 질산염 일부는 우리 밥상에까지 올라올 수 있어요.

질산염 자체는 그리 위험한 물질은 아닙니다. 문제는 질산염이 아질산염으로 쉽게 바뀔 수 있다는 사실이에요(우리 기억대로라면 질산염에 들어 있는 질소는 '찜찜한' 구석이 있죠). 아질산염이 단백질과 결합하면 맹독성 발암 물질인 니트로사민을 만들어낼 수 있어요.

그런데 채소에 들어 있는 아질산염이 니트로사민으로 바뀌는 경우는 드물어요. 비타민 C가 이런 화학 반응을 방해하는 거죠. '질산염'이 들어 있는 채소보다 훨씬 위험한 것은 소시지와 햄이에요. 조리된 고기의 천연색은 회갈색인데, 이런 육가공품에는 붉은색을 띠도록 아질산염을 첨가합니다. 아질산염과 고기의 단백질이 만나면 니트로사민이 생성됩니다.

따라서 되도록 가공되지 않은 고기를 섭취하는 것이 건강에 이롭습니다.

어디로 새어 나올까?

암모니아는 산업 분야에서 폭넓게 이용됩니다. 저장소에서 유출 사고가 나면 위험한 기체가 대기 중으로 엄청나게 흘러나옵니다(특히 암모니아는 점막을 자극해 질식을 일으킬 수 있어요). 바람이 불어 여러분 쪽으로 자욱한 암모니아 가스가 몰려온다면 이것만 기억해 두세요. 이 기체는 공기보다 가볍다는 사실을요. 따라서 다락이나 건물의 높은 층으로 올라가지 말고 지하로 피신해야겠죠. 암모니아를 염소와 혼동하지 마세요.

단백질은 어떤 구조일까?

단백질은 생명체에게 가장 중요한 물질입니다. 어떤 생명체도, 심지어 바이러스조차도 단백질 없이는 살 수 없어요. 우리 몸에서 화학 반응을 제어하는 거의 모든 효소는 단백질이에요. 산소를 실어 나르는 헤모글로빈 역시 단백질이죠. 근육의 액틴과 미오신 단백질 덕분에 우리는 몸을 움직일 수 있어요. 케라틴 단백질은 인대, 힘줄, 결합 조직, 머리카락, 손톱, 발톱에 강력한 실을 형성합니다. 우리 몸을 감염으로부터 보호하는 항체 역시 단백질이죠. 인슐린 같은 몇몇 호르몬도 단백질이에요. 책 한 권으로도 단백질의 기능을 모두 설명하기에는 부족할 거예요. 그렇다면 단백질은 어떤 구조로 되어 있을까요?

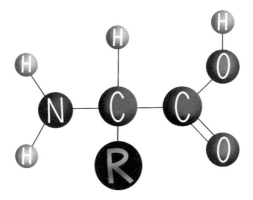

단백질은 아미노산 단위체가 연결된 중합체입니다. 어떤 아미노산이든 위와 같은 구조로 되어 있어요. 화학에서 R(기)은 분자 조각을 의미하죠. 아미노산의 경우, 이런 기는 수소, 메틸(CH_3)기, 원자의 사슬이나 고리를 비롯해 그 밖의 복잡한 구조일 수 있어요. 살아 있는 모든 생명체는 단백질에 있는 20개의 아미노산을 이용하는데, 아미노산의 수는 무한할 수 있습니다.

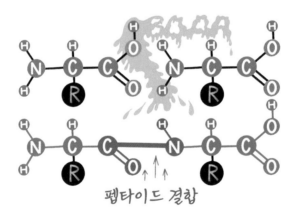

글리신   알라닌

아미노산은 다음과 같이 '앞뒤로' 연쇄적으로 연결되어 있어요.

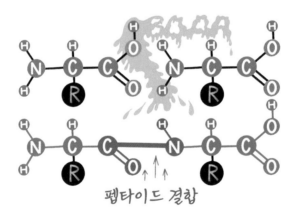

펩타이드 결합

 단백질 사슬은 수십 혹은 수백 개의 아미노산으로 이루어질 수 있습니다. 게다가 이런 실들은 꼬이면서 '공'처럼 생긴 소구체를 형성하죠. 소구체의 형태와 단백질의 특성은 대개 어떤 아미노산이 어떤 순서로 사슬을

형성하느냐에 달렸어요. 유전자에 의해 암호로 바뀌는 것은 단백질에 있는 아미노산 서열입니다.

세상에서 가장 강하면서도 가벼운 실로 꼽히는 거미줄 역시 단백질로 이루어져 있죠. 질량이 같은 강철 실보다 거미줄이 30배는 더 질기답니다.

감압증

질소는 압력이 낮은 물에는 잘 녹지 않지만, 압력이 높은 물에는 잘 녹아요. 이 때문에 스쿠버 다이버는 매우 위험한 상황에 이를 수 있어요. 수심이 깊은 곳에서는 산소통의 압축 공기에 들어 있던 질소가 높은 수압 때문에 혈액 속에 녹아 들어갑니다. 그러다 잠수부가 수면으로 올라오면 수압이 떨어지면서 질소는 순식간에 기체 상태로 바뀌죠. 그 결과 혈액 속에 질소 거품이 형성되어 혈관이 막히고 맙니다. 이런 현상을 감압증이라고 해요.

감압증에 걸리지 않으려면 잠수부는 서서히 수면으로 올라와야 합니다. 질소가 폐에서 빠져나올 시간을 버는 거죠. 오늘날 잠수부의 산소통은 대개 일반 공기로 채우지 않고 헬륨을 희석한 산소나 질소를 뺀 그 밖의 혼합 기체로 채웁니다.

어디 한 번 와보시지!

일부 식물의 씨앗은 수년 동안 흙 속에서 잠들어 있다가, 멧돼지나 다른 굴을 파는 동물이 땅을 헤집는 순간을 기다립니다. 이로 인해 경쟁 식물들이 제거되고, 흙이 부드러워지면서 산소가 더 많이 침투하게 됩니다. 그러면 질화세균이 더욱 활발히 질산염을 '생산'하기 시작할 겁니다. 겨울잠에서 깨어난 씨앗이 싹을 틔우도록 이끄는 것은 질산염의 '맛'이에요. 다음과 같은 실험으로 쉽게 증명할 수 있죠.

1. 고추, 피망, 토마토 같은 채소 씨앗을 준비하세요.

2. 0.2%(리터당 2g) 농도의 질산나트륨, 질산칼륨 용액에 씨앗을 담가둡니다.

   다른 한쪽에는 아무것도 섞지 않은 깨끗한 물에 씨앗을 담가둡니다.

3. 양쪽의 씨앗을 모두 흙에 뿌려줍니다.

4. 질산염에 담가두었던 씨앗이 훨씬 일정하게 싹이 트는 것을 확인할 수 있
   어요.

산소
OXYGEN

천하장사

리튬에서 질소에 이르기까지 주기율표에서 오른쪽으로 갈수록 원자가 전자를 더 단단히 붙들고 있다는 사실을 혹시 알아차렸나요? 그렇다면 산소의 특성도 추측할 수 있지 않을까요? 맞아요. 산소는 플루오린을 제외한 다른 모든 원소의 원자로부터 전자를 끌어당깁니다. 화학적으로 표현하면 산소는 강력한 산화제인 셈이죠.

오랜 역사

오늘날 산소는 지구 대기의 20% 이상을 차지합니다. 산소 없이는 사람을 비롯한 동물은 물론 수많은 세균 역시 살 수 없어요. 우리는 누구나 숨을 쉬기 위해 산소가 필요하고, 식물은 광합성을 통해 산소를 배출하죠.

하지만 지구가 처음 탄생할 당시에는 대기 중에 산소가 없었어요. 그러다 등장한 유리 산소*는 단 하나의 분자조차 다른 물질과 빠른 속도로 결합하면서 즉시 사라지고 말았습니다. 지난 20억 년에 걸쳐 청록색 조류를 비롯한 다양한 식물성 조류는 산소를 배출해 왔지만, 그렇게 만들어진 산소는 다른 물질을 산화시키느라 모두 사라지고 말았어요. 약 20억 년 전만 해도 모든 것을 산화시켰던 산소는 대기 중에 서서히 축적되기 시작했습니다.

☺ 누가 먼저일까?

산소를 발견한 사람은 둘입니다. 공식적으로 산소는 1774년 영국의 과학자 조지프 프리스틀리Joseph Priestley (1733~1804)**에 의해 발견되었어요. 그는 연소나 호흡을 돕는 기체를 얻는 동시에 식물이 빛을 받으면 같은 기체를 배출한다는 사실을 입증했죠. 말하자면, 광합성 작용을 발견한 셈입니다.

그런데 이보다 앞선 1771년에 스웨덴의 화학자 카를 셸레Carl Scheele (1742~1786) 역

---

* 유리 산소: 화합물에서 떨어져 나온 산소.
** 조지프 프리스틀리: 영국의 목사, 신학자, 화학자, 자연 철학자로 산소 발견뿐만 아니라 탄산수를 발명한 것으로도 잘 알려져 있다.

시 비슷한 실험을 했다고 전해집니다. 안타깝게도, 그는 자신의 발견을 세상에 발표하는 일을 너무 오랫동안 미뤘어요. 덕분에 프리스틀리가 첫 번째 발견자로 이름을 올렸죠.

☠ 산소 주의!

산소는 지구 대기의 20%가 조금 넘는 비중을 차지해요. 다시 말해, 우리는 5배로 희석된 산소를 들이 마시는 셈이죠. 우리의 호흡기와 폐는 이런 농도에 적응해 있고, 난 로, 오븐, 버너 같은 기구 역시 이런 산소 용량에 맞게 설계됩니다.

순수한 산소를 들이마시면 호흡기과 모세혈관벽에 화상을 입을 수 있 어요. 또 공기 중에서는 좀처럼 타지 않는 불꽃이 순수한 산소와 만나면 하늘 높이 치솟아 오를 겁니다. 따라서 압축 산소를 넣은 실린더는 가연 성 수소가 들어 있는 실린더와 마찬가지로 조심해서 옮겨야 해요. 화기

근처에서 폭발할 때 무슨 일이 벌 어질지는 상상할 수 없을 만큼 무 서우니까요. 스쿠버 다이빙을 할 때는 항상 다른 기체(가령 헬륨)와 희 석한 산소를 이용합니다.

산소는 무슨 일을 할까요?

농축된 산소를 만들고 그 성질을 살펴봅시다.

> 주의! 실험할 때는 보호 장갑과 보안경을 착용하세요. 시약이 뜨겁게 달아올라 몸에 튈 수 있으니까요.

1. 과망가니즈산칼륨을 시험관(혹은 병목이 좁은 병)에 붓고 여기에 과산화수소를 추가로 넣으세요.

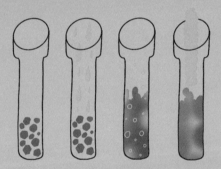

2. 화학 반응이 일어나는 동안 거품 섞인 기체가 배출될 거예요.

3. 시험관에서 떨어진 곳에서 나뭇조각에 불을 붙였다가 불꽃을 사그라뜨립니다. 나뭇조각 끝에서 연기가 나고 있을 때 그것을 시험관에 넣습니다.

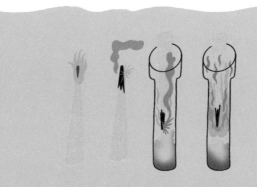

4. 나뭇조각에는 다시 불이 붙고 공기 중에 있을 때보다 훨씬 밝고 강렬하게
   타오를 겁니다.

결론: 화학 반응이 일어나는 동안 산소가 배출되었어요. 산소는 물질의 연소
를 돕는 역할을 합니다.

 오존

탄소는 10개 이상의 홑원소 물질을 형성하는 데 비해 산소는 2개의 홑
원소 물질을 형성하죠. 2개의 원자로 된 하나의 산소 분자는 공기 중에
떠다니는 일반적인 산소예요. 그러나 자외선의 영향을 받거나 방전이 되
면 원자는 3원자 분자를 형성하면서 재배열이 이루어질 수 있죠. 이런 종
류의 산소를 오존이라고 해요.

20~40㎞의 고도에 해당하는 대기 중에는 오존층이 존재합니다. 오존층은 오존 농도가 높아지는 구역으로, 오존만으로 이루어져 있는 것은 아니에요. 오존이 가장 강한 자외선을 흡수해 주는 덕분에 우리는 화상을 입지 않을 수 있죠. 하지만 오존은 '아래쪽'인 지상에서도 찾아볼 수 있어요. 수돗물과 수영장 물을 소독 처리할 때도 오존이 이용됩니다.

오존은 단순한 산소보다 훨씬 강력한 산화제라서 오존 누출은 위험할 수 있어요.

산화물

산소는 당분, 단백질, 지방을 포함하여 다양한 물질의 일부예요. 무생물계에서 다른 원소와 산소의 화합물은 산화제 형태로 광범위하게 퍼져 있어요. 우리는 이미 이산화탄소, 일산화탄소, 산화질소, 산화수소(물) 같은 탄소산화물에 대해 알고 있죠. 아연, 알루미늄, 철 따위의 산화막은 대개 금속 표면에 형성됩니다. 모래는 실리콘 산화물에 지나지 않아요.

산화물   과산화물

어떻게 분해될까?

산화물 분자에서 산소 원자는 '희생양'이 되는 원자에만 묶여 있습니다. 하지만 과산화물 분자에서 산소는 한 '손'으로는 다른 산소를, 다른 한 손으로는 산화된 원자를 붙잡고 있죠. 과산화수소 용액이나 과산화물은 세균에 감염된 상처를 소독하는 데 이용됩니다. 과산화물은 물과 1개의 산소 원자로 분해되죠. 1개의 산소 원자는 세균 세포를 이루는 물질을 매우 '공격적으로' 산화시켜 죽음에 이르게 합니다.

$$H_2O_2 \xrightarrow{\text{분해}} H_2O + O$$

참고로, 오존도 같은 방식으로 작용합니다. 오존은 산소 분자와 원자 상태의 산소로 분해되며, 이 원자 산소가 박테리아를 죽입니다.

생물일까, 무생물일까?

병에 보관된 과산화수소는 몇 년이 지나도 그대로이지만, 상처를 만나면 즉시 분해되고 맙니다. 실험을 통해 알아볼까요?

1. 생토마토와 익힌 토마토 혹은 생고기와 익힌 고기를 준비해 주세요.

2. 준비한 재료에 과산화수소를 떨어뜨려 주세요.

3. 산소 거품은 생토마토와 생고기에만 나타날 뿐 익힌 토마토와 익힌 고기에는 나타나지 않아요.

4. 과산화물은 살아 있는 세포에서만 발견되는 과산화효소의 작용을 받아야 분해됩니다. 조리가 이루어지면 효소는 파괴되어 더는 힘을 못 쓰게 되죠.

결론: 과산화물을 이용하면 생물인지 무생물인지 알 수 있어요!

폭탄먼지벌레

딱정벌렛과에 속한 이 벌레는 적에게 뜨거운 물을 연속적으로 발사하여 자신을 방어합니다. 뜨거운 물로부터 자신을 보호하기 위해 딱정벌레는 뜨거운 혼합물의 성분을 따로 보관하다가 발사할 때에만 섞죠. 첫 번째 분비샘에서는 과산화물이 연소실로 흘러나오고, 두 번째 분비샘에서는 효소가 흘러나옵니다.

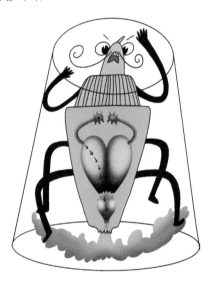

불소
FLUORINE

무법자 불소

불소(플루오린)는 가장 강력한 원소예요. 불소는 다른 모든 원자로부터 전자를 얻을 뿐 자신의 전자를 넘겨주는 일은 절대로 없죠. 또 놀라울 정도로 활발하면서도 적극적이라 처음 만나는 원자와 반응하지 않고는 못 배긴답니다. 불소 기체에서는 물과 백금조차도 타버리고 말죠! 불소는 일부 불활성 가스*(103쪽 참조)와 금이 반응하게 만듭니다.

모든 원소는 1개의 완벽한 바깥 껍질을 '꿈꾼다는' 사실을 기억하나요? 그러려면 정확히 8개의 전자를 갖고 있어야 해요(수소와 헬륨은 2개를 꿈꾸죠). 그

---

* 불활성 가스: 다른 물질과 화학 반응을 일으키기 어려운 가스.

런데 불소의 전자는 7개이고, 1개의 전자만 있으면 그렇게 바라던 꿈을 이룰 수 있답니다. 이 원자는 크기가 매우 작고 원자핵이 가까이에 있어서 핵과 전자 사이에 끌어당기는 힘이 무척이나 강하죠. 그래서 불소는 자신의 7개 전자를 절대 놓치지 않으면서 부족한 1개의 전자를 다른 원소로부터 빼앗으려고 기를 씁니다.

☺ 불소의 명칭

불소는 독립된 원소로 분류되기 훨씬 오래전에 발견되었어요. 15세기 이후로 금속공학자들은 광석이 더 낮은 온도에서 녹을 수 있도록 불소 화합물인 형석을 추가했습니다. '흐른다'라는 뜻의 라틴어 'fluere'에서 유래된 불소는 거의 모든 유럽 국가에서 '플루오르 fluor'로 불렸어요.

하지만 순수한 형태의 불소를 분리하는 실험에 참여한 프랑스의 과학자들은 전혀 다른 느낌을 받았죠. 불소를 이용한 모든 실험은 끔찍한 폭발로 이어졌고, 과학자들은 신체적 장애를 입거

나 목숨을 잃었습니다. 결국 러시아에서는 '파괴적인'이란 뜻의 그리스어 'phthorios'를 따서 '프토르phtore'라는 이름이 붙여졌어요.

☠️ 가장 끔찍한 산

순수한 불소는 단 2초 만에 심각한 화상을 입힐 수 있어요. 폐는 물론 피부 분자에도 반응을 일으킬 수 있죠! 불소는 그 자체만으로도 위험하지만 수많은 불소 화합물 역시 위험합니다. 이를테면, 불소와 수소의 화합물인 불산(불화수소산)은 그렇게 강한 산은 아니지만 유리를 녹일 수 있어요. 불산은 고통을 주지 않고 부드러운 신체 조직에 쉽게 스며들

수 있답니다. 하지만 일단 뼈에 도달하면, 불소는 뼛속의 칼슘을 씻어내 버립니다. 이는 견딜 수 없는 고통을 줄 뿐만 아니라 칼슘 대사를 방해하여 생명에 위협을 줄 수도 있어요.

💗 불소와 치아

치약에서 '불소 함유'라는 문구를 본 적이 있나요? 걱정하지 마세요. 치약에는 순수한 불소가 아니라 화합물이 들어 있으니까요. 그것도 아주 소

 량으로요. 소량의 불소염은 치아 에나멜의 일부를 이루고 있답니다. 치아를 치료하려면 칼슘뿐만 아니라 불소도 필요하다는 의미죠.

가장 널리 알려진 혈장 대체물인 '인공 혈액' 역시 불소 화합물인 퍼플루오란perfluorane입니다.

불소의 용도

불소(더 정확히 말하면, 불소 화합물)는 과학 기술은 물론 일상에서도 널리 이용됩니다. 다른 원소로부터 부족한 전자를 빼앗아 소중한 '여덟 번째' 전자를 얻은 불소는 얌전한 아이처럼 아무런 반응도 일으키지 않아요. 그토록 어렵사리 얻은 전자를 순순히 내주는 일도 물론 없겠죠!

음식물이 눌어붙지 않도록 프라이팬 표면에 입히는 코팅제인 테플론은 탄소와 불소의 중합체에 속합니다. 폴리  에틸렌(52쪽 참조)의 수소 원자를 모두 불소로 바꾸면 테플론을 얻을 수 있죠. 냉장고의 냉각수인 프레온 역시 불소와 탄소의 화합물이에요. 육불화황(엘레가스)은 변압기에 이용됩니다. 순수한 불소는 일부 로켓에서 연료 산화제로 이용되기도 하죠.

귀족 기체: 네온, 아르곤, 크립톤, 크세논, 라돈

NOBLE GASES: NEON, ARGON, KRYPTON, XENON, RADON

 ## 게으른 귀족 기체

주기율표 가장자리에 따로 떨어진 쪽에는 비활성(불활성) 혹은 귀족 기체인 네온, 아르곤, 크립톤, 크세논, 라돈이 위치하고 있습니다. 인위적으로 얻은 오가네손 역시 비활성 기체예요. 하지만 오가네손 원자는 1,000분의 1초 만에 붕괴하고 말기 때문에 그 특성을 제대로 살펴볼 시간이 없어요. 앞서 살펴본 헬륨 역시 비활성 기체랍니다.

'불한당 같은' 불소와 달리 비활성 기체는 다른 원소와 아무런 반응도 하지 않죠. 이는 비활성 기체가 이미 완벽한 상태에 이르렀기 때문이에요. 이들 기체는 8개의 전자로 이루어진 완전한 껍질을 갖고 있습니다(99쪽 참조).

대기의 주요 성분
1. 질소
2. 산소
3. 아르곤

비활성 기체는 다른 원소의 전자를 필요로 하지 않을뿐더러 자신의 전자를 다른 원소에 내어주는 법도 없어요. 그런데 화학 반응이란 언제나 원자들 사이의 전자 교환이라고 볼 수 있죠.

수성이 좋아하는 아르곤

'게으른' 또는 '활발하지 않은'이라는 뜻의 그리스어 'argos'에서 비롯된 아르곤은 지구 대기에서 세 번째로 풍부한 기체입니다. 아르곤은 대기의 1%가량을 이루고 있죠. 화성에는 이보다 많은 1.6%가, 수성은 대기의 70%가 아르곤으로 채워져 있어요!

☺ 라돈의 발견

어니스트 러더퍼드Ernest Rutherford (1871~1937)*를 비롯한 물리학자들은 방사성 금속(272쪽 참조)을 발견한 직후, 공기가 방사성을 띠게 되었다는 사실을 알아차렸습니다. 방을 환기하면 방사능은 사라져요. 하지만 얼마 지나지 않아 공기에서 방사능이 다시 '배출'되기 시작하죠. 과학자들은 방사성을 띤 일부 물질이 금속에서 배출된다고 생각했어요. 그 후로 러더퍼드는 이처럼 신비한 기체를 분리하고 그것이 새로운 원소, 라돈임을 입증해 보였답니다.

☠ 숨 쉬세요! 괜찮아요!

비활성 기체는 독성이 없는 것처럼 보일 겁니다. 그도 그럴 것이 아무런 화학 반응도 일으키지 않으니까요! 어느 정도는 맞는 말이에요. 비활성 기체를 조금 들이마셨다고 해서 죽지는 않아요. 하지만 오랜 시간 들이마셔서도 안 됩니다. 비활성 기체가 폐에 쌓여 산소를 대신하게 되면 호흡 곤란을 일으킬 수 있기 때문이에요. 경쟁이 치열한 운동 경기에서

* 어니스트 러더퍼드: 영국의 핵물리학자. 러더퍼드 원자 모형을 제시하여 원자 구조 이론의 선구가 되었다.

이런 가스의 복용은 금지되어 있습니다. 정확히 말하면, 비활성 기체가 선수의 호흡을 방해하기 때문이에요. 그 결과 혈액의 헤모글로빈 수치가 증가하죠. 신체는 적은 양의 산소에 적응하려고 노력할 겁니다. 결국 인위적인 방법으로 지구력을 높이는 셈인 거죠. 시합 전날 저녁 아르곤이나 크립톤을 흡입한 사실이 적발된 선수는 경기에 참여할 수 없게 됩니다!

'가장 큰 해를 끼치는' 비활성 기체는 라돈입니다. 라돈은 방사성 물질이면서 화학적으로도 독성이 있습니다. 라돈은 공기보다 7.5배나 무거워 지하실이나 저지대로 가라앉는다는 사실을 기억해 둘 필요가 있어요.

🤖 네온사인

그러면 비활성은 쓸모없다는 뜻일까요? 전혀 그렇지 않아요. 거리를 걷다 보면 비활성 기체를 활용한 사례가 여러분의 눈길을 사로잡을 테니까요. 바로 '광고용 네온사인'이죠. 네온사인은 네온을 채운 붉은 등이랍니다. 그런 등을 만드는 방법은 간단해요. 전류를 통과시키면 네온은 붉은빛을 냅니다. 크립톤은 연분홍색을 내고, 크세논은 흰색을 내죠. 비활성 기체 역시 비활성 환경이 필요한 상황에서 이용됩니다. 아르곤은 식품 포장용 충전재로 이용되죠. 세균이나 곰팡이는 그런 조건에서는 살아남을 수 없을뿐더러 산소가 없으면 질식합니다. 아르곤 기체를 주입한 환경에서는 금속이 산화하지 않기 때문에 오래된 고문서 보관에도 이용됩니다. 백열등 역시 크세논과 아르곤으로 채워지죠. 비활성 환경에서는 텅스텐 필라멘트(196, 242쪽 참조)의 수명이 오랫동안 유지돼요.

🙂 알칼리란?

주기율표에서 첫 번째 세로줄에 속한 금속은 '알칼리 금속'이라 불립니다. 이들 금속은 모두 하나밖에 없는 바깥 전자를 너무 쉽게 내어주죠. 나트륨과 그 '동료들'은 물속에 들어가면 '가장 강한' 원소도 아닌 수소에게까지 전자를 내어줄 준비를 합니다. 1개의 전자를 받은 수소는 거품의 형태로 배출됩니다. 나트륨은 수산화물인 수산화나트륨($NaOH$)을 형성하고, 수산화나트륨은 물속에서 나트륨 이온(Na^+)과 수산화 이온(OH^-)으로 분해되죠.

용액 상태에서 수산화 이온을 분리하는 수산화물을 알칼리라고 해요. 이들은 산에 반대되는 물질, 즉 '염기'로 작용합니다. 알칼리와 염산 용액을 혼합하면 어떻게 될지 살펴볼까요?

수소 이온(H^+)과 수산화 이온(OH^-)이 결합하면 물이 만들어지고, 염이 남는다는 걸 알 수 있어요. 이 경우는 흔히 볼 수 있는 식용 소금이에요. 하지만 다른 모든 산과 염기도 서로 '만나면' 염을 형성하고 서로를 중화시킵니다. 이런 화학 반응을 일컬어 '중화반응'이라고 하죠.

우리는 왜 염분이 필요할까요?

염분이 없는 음식은 맛이 형편없을 거예요. 말코손바닥사슴 같은 야생동물도 삼림 관리원이 뿌려둔 소금을 기꺼이 핥아 먹는답니다. 바닷가에서 살아가는 야생동물이라면 종종 해변으로 가서 바닷물을 마실 테죠.

그렇다면 동물의 몸은 왜 염분이 필요할까요? 식용 소금(염화나트륨)은 물속에서 이온의 형태로 존재한다는 사실을 떠올려보세요. 나트륨 이온은 신경 세포를 따라 자극을 전달하는 데 필요합니다. 나트륨이 없다면 신경계는 제대로 작동할 수 없을 거예요. 그래서 우리는 이처럼 중요한 원소를 비축해 두기 위해 짭짤한 것에 저절로 손이 가는 건지도 모릅니다.

☺ 이집트의 문화유산

'나트륨'이라는 단어는 우리의 상상을 뛰어넘을 정도로 매우 오래된 말이에요. 고대 이집트에서 최고의 권위를 자랑하던 화학자들은 소다, 즉 탄산나트륨을 'ntr'로 표기했어요. 그들은 미라를 소다와 흰 캔버스 천으로 방부처리 했답니다. 발음하기 쉽도록 '나트론natron'으로 바꾼 이집트인들에게서 그리스인들이 빌려온 이 단어는 다시 로마인들에게 건너가 '나트리움natrium'으로 불리게 되었죠. 처음에는 물질을 가리키던 명칭이 그 구성 요소 가운데 하나로 바뀌고 만 거예요.

☠ 산보다 약하지 않다

알칼리는 산 길항제(대항제)*이기는 해도 마찬가지로 위험해요. 게다가

---

* 길항제: 생체 내의 수용체 분자에 작용하여 신경 전달 물질이나 호르몬 등의 기능을 저해하는 물질.

우리가 모르는 사이 '은밀히' 퍼져나가죠. 피부에 알칼리를 쏟더라도 통증을 느끼지 못할 거예요. 하지만 수산화 이온(OH^-)은 수소 이온(H^+)과 마찬가지로 살아 있는 조직에 단백질 응고를 일으킨답니다(19~20쪽 참조). 피부에 묻은 알칼리에 대한 응급조치도 비슷해요. 찬물로 닦아낸 다음 남아 있는 알칼리를 약산으로 중화시키는 겁니다.

식물을 대신하는 나트륨

나트륨이 산소를 만나 연소하면 과산화나트륨(Na_2O_2)이 만들어집니다. 이 물질은 식물처럼 공기 중의 이산화탄소를 흡수해 산소를 배출한답니다. 이 때문에 잠수함 내부의 공기를 재생시키는 데 이용되죠.

불꽃에 색 입히기

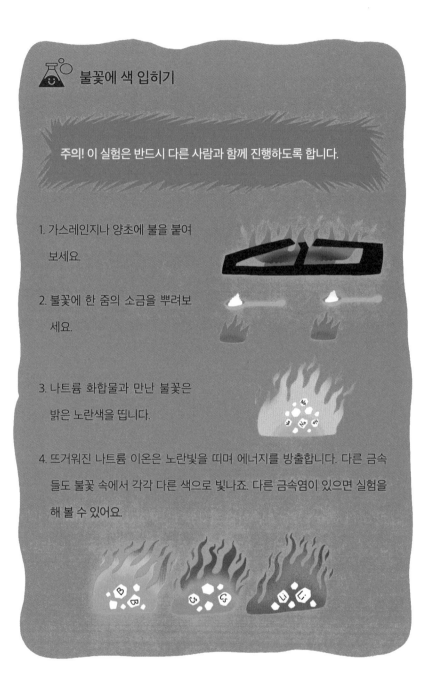

1. 가스레인지나 양초에 불을 붙여
   보세요.

2. 불꽃에 한 줌의 소금을 뿌려보
   세요.

3. 나트륨 화합물과 만난 불꽃은
   밝은 노란색을 띱니다.

4. 뜨거워진 나트륨 이온은 노란빛을 띠며 에너지를 방출합니다. 다른 금속
   들도 불꽃 속에서 각각 다른 색으로 빛나죠. 다른 금속염이 있으면 실험을
   해 볼 수 있어요.

마그네슘
MAGNESIUM

☺ "초록색" 금속

마그네슘은 지구상에 존재하는 생명체에게는 가장 중요한 금속 가운데 하나일 거예요. 식물이 초록색을 띠게 해 줄 뿐만 아니라 광합성 작용에서 중요한 역할을 하는 엽록소의 일부랍니다.

엽록소 분자는 거미줄과 다소 비슷해요. 한가운데에는 '거미' 역할을 하는 마그네슘이 자리를 잡고 앉아서 날아다니는 빛 입자(광자)를 붙잡는

거죠. 마그네슘에 붙잡힌 빛 에너지는 유기질을 합성하는 데 이용됩니다. 이는 에너지가 많이 필요한 에너지 집약적인 과정이에요. 마그네슘이 없다면 우리는 아무것도 먹지 못할 수 있어요.

☺ 추억의 카메라 플래시

오늘날 카메라 플래시는 배터리에 의해 작동되는 밝은 전구에 불과하죠. 하지만 오래전 사용됐던 필름 카메라에서는 사진을 찍는 사람 주위로 흰 연기구름이 퍼져나가면서 이를 지켜보는 사람의 옷에 회색 재가 떨어지는 것을 볼 수 있었어요. 오래된 카메라에서는 눈부신 섬광이 마그네슘 조각의 연소에 의한 것이었죠. 한쪽 끝에 불이 붙은 마그네슘 조각은 거의 순식간에 타버리고 말아요. 거기서 방출되는 빛의 스펙트럼은 자외선 수준으로 밝죠. 따라서 타들어 가는 마그네슘을 오랫동안 보고 있으면 안 됩니다.

♡ 마그네시아

'마그네슘'이라는 명칭은 마그네슘 화합물이 매장되어 있던 그리스의 도시 '마그네시아magnesia'에서 유래된 거예요. 황산마그네슘을 가리키는 단어로 마그네시아를 쓰기도 합니다. 이 약의 또 다른 영어 이름은 엡솜Epsom으로, 쓴맛이 나는 소금이에요. 엡솜은 정말 역겨울 정도로 쓴맛이 납니다. 하지만 배변 활동을 촉진하고 혈압을 낮추는 효과가 있으며, 긴

장을 풀어주기 위한 목욕에 도 이용된답니다.

마그네슘염은 신경계에 도 필요하죠. 마그네슘은 스트레스를 받을 때 활발히 소모되고 땀을 통해서도 배 출됩니다. 따라서 더울 때 는 계속 보충해 주어야 해 요. 가령 캐슈너트, 아몬드,

초콜릿을 먹거나 맹물이 아닌 마그네슘이 풍부한 생수를 마시는 거죠.

🦴☠️ 마그네슘은 아이들 장난감이 아니다

마그네슘이 일으키는 불꽃은 눈을 멀게 할 뿐만 아니라 화상 을 입힐 수도 있어요. 손에 쥔 마 그네슘 조각에 불을 붙이는 것은 꿈도 꾸지 마세요! 불꽃이 순식 간에 번져 미처 피할 겨를도 없 을 거예요.

타오르는 마그네슘에서 불을

끄기란 거의 불가능해요. 물을 부으면 물과 반응을 일으킬 겁니다. 그 과정에서 배출된 수소에도 즉시 불이 붙을 거예요(21쪽 참조).

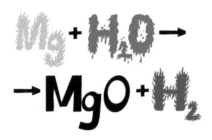

$$Mg + H_2O \rightarrow$$
$$\rightarrow MgO + H_2$$

그렇다면 소화기에서 이산화탄소를 분사하면 어떻게 될까요? 마그네슘은 이산화탄소와도 반응을 일으켜요! 공기 중의 질소, 심지어 불타는 기름의 진화에 적합한 모래와도 반응을 일으키죠. 마그네슘은 철분이 들어 있는 톱밥(하지만 녹은 없어야 해요. 그렇지 않으면 오히려 불길이 더 거세질 수 있어요)과 특별한 소화 거품을 이용해 진화해야 합니다.

$$2Mg + CO_2 \longrightarrow 2MgO + C$$

산화마그네슘   탄소

🤖 불꽃

마그네슘이 어떤 식으로 타는지 알고 싶은가요? 아주 간단해요. 왜냐하면 마그네슘은 스파클러(불꽃놀이용 막대)의 주성분이기 때문이죠. 우선, 안전을 위해 연소를 늦추는 다른 물질을 마그네슘과 혼합합니다. 다음으로 손에 화상을 입지 않도록 이 혼합물을 쇠막대기에 발라줍니다. 마그네슘은 흰 불꽃으로 타오를 거예요. 이때 사방으로 날아가는 노란 불꽃은 쇳가루랍니다.

알루미늄
ALUMINIUM

🙂 쓴 소금

알루미늄은 고대 로마인들에게는 친숙한 물질이었습니다. 물론 순수한 금속의 형태는 아니었고, 1825년 한스 외르스테드Hans Oersted에 의해 처음 얻어졌습니다. 하지만 로마인들은 이미 알루미늄염에 대해 알고 있었고, 문자 그대로 '쓴 소금'을 뜻하는 알루멘alumen 또는 알룸alum으로 불렀답니다.

$$KAL(SO_4)_2 \times 12H_2O$$

황산알루미늄칼륨(칼륨 명반)

이 소금은 아주 오래전부터 염색공과 상처 씻는 용도로 의사들이 이용해 왔어요. 또 면도칼로 고객의 수염을 깎던 이발사들도 이런 소금을 이용했죠. 지금도 여전히 소독 등의 목적으로 면도용 거품에 들어갑니다.

알룸은 절대 먹으면 안 돼요. 독성이 있으니까요!

볼품은 없지만 실용적이다

수많은 과학연구소에서는 금속의 패시베이션passivation 기술을 향상시키기 위해 노력하고 있습니다. 금속이 부식하지 않도록 일종의 보호막을 씌우는 일이죠. 하지만 자연은 알루미늄에 대해 이미 그런 보호 장치를 해 두었어요! 금속이 공기에 노출되자마자 얇지만 매우 강한 산화물(산소화합물) 막이 표면에 형성되는 거죠. 이처럼 칙칙한 회색 '갑옷'은 보기에는 썩 좋지 않아도 어떤 페인트나 윤활유보다 훌륭하게 금속의 부식을 막아준답니다!

금속 전쟁

전기공들은 전기를 잘 전달하고 쉽게 구부릴 수 있다는 이유로 알루미늄과 구리 전선을 흔히 사용합니다. 하지만 이 두 전선을 서로 연결하는 것은 꿈도 꾸지 마세요! 이들 두 금속은 서로 닿자마자 더

'강한' 구리가 그보다 약한 알루미늄의 전자를 잡아당기기 시작하니까요. 그 결과 두 금속이 맞닿아 있던 접점이 엄청 뜨거워집니다. 절연재가 타 버리고 나면 짧은 회로만 남게 될 수도 있어요. 아니면 전선이 서로에게 서 떨어져 나갈 겁니다. 언젠가 전원이 갑자기 끊어진 경험이 있다면 그 이유를 생각해 보세요.

🌸 현무암에서 사파이어까지

알루미늄은 지구 지각에서 가장 흔한 금속이에요. 알루미늄이 없다면 대륙을 이루는 화강암이나 현무암은 아마 존재할 수 없을 거예요. 지구 지각에서 알루미늄은 백 가지가 넘는 광물을 형성합니다. 여기에는 회갈 색을 띤 알루미나(산화알루미늄), 보크사이트뿐만 아니라 값비싼 루비, 사 파이어, 에메랄드, 터키석, 아콰마린을 비롯한 보석도 포함되죠.

🌸 어디에나 존재하는 알루미늄

여러분 집에서 알루미늄이나 그 화합물이 존재하지 않는 공간은 찾아 보기 힘들 거예요. 주방에는 냄비와 프라이팬을 포함해 다양한 주방 기구 가 놓여 있죠. 은박지 역시 얇게 말아둔 알루미늄이에요. 약품 상자에는 알루미늄 화합물을 이용해 만든 속 쓰림 처방 약이 들어 있어요. 거울 뒷

부분의 금속층도 흔히 알루미늄이죠. 발한 억제제에도 틀림없이 알루미늄 화합물이 들어 있을 겁니다. 어디 그뿐인가요? 할머니의 보석함에 들어 있는 보석, 집 벽면의 배선, 난간에 올려둔 썰매 등등, 알루미늄은 집안 곳곳에서 찾아볼 수 있어요!

은박지 화학 반응

이제는 22쪽에서 살펴본 것처럼 은박지가 알칼리와 화학 반응을 일으킨 이유를 설명할 수 있답니다.

1. 은박지를 긁어 보호용 산화막에 손상을 입힙니다.

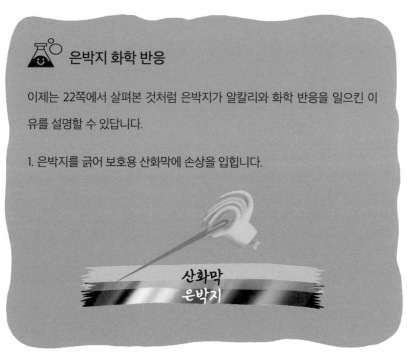

산화막
은박지

2. 물론 알루미늄은 금속이지만 비금속의 성질도 어느 정도 가지고 있습니다. 일례로 알루미늄은 일종의 산을 형성할 수 있죠. 순수한 형태의 이런 '산'은 물에 녹지 않고 수소 이온(H^+)도 만들어 내지 않아요. 하지만 알칼리와의 반응에서 알루미늄염, 즉 알루민산나트륨이 형성되죠. 아래 그림은 이런 화학 반응이 어떻게 이루어지는지 보여줍니다. 그 부산물로 수소가 배출됩니다.

$$2Al + 2NaOH + 6H_2O \rightarrow 2Na[Al(OH)_4] + 3H_2$$

배출되는 수소

규소
SILICON

외계인은 무엇으로 이루어져 있을까?

규소는 화학적으로 탄소와 비슷합니다. 탄소와 마찬가지로 바깥 껍질에 4개의 전자를 갖고 있죠. 덕분에 가지를 뻗은 복잡한 분자(유기규소 화합물)를 형성할 수 있답니다. 생화학자들조차 다른 행성 어딘가에 탄소가 아닌 규소로 이루어진 생명체가 존재할 수 있다고 보고 있죠.

지구 지각을 이루는 기초

탄소가 살아 있는 자연계를 이루는 주요 원소이고, 화학적으로 '형제'와 다름없는 규소는 비자연계에서 중요한 역할을 합니다. 지구 지각은 대부분 하나 이상의 규소 화합물로 이루어져 있어요. 우선, 산화규소(SiO_2)를 광물학자들은 석영이라고 부릅니다. 석영은 크고 아름다운 결정, 모래, 복잡한 암석(가령, 화강암) 등의 형태로 지구 지각에서 발견되죠. 또한 화강암, 현무암을 비롯한 그 밖의 암석에는 규산염이 들어 있습니다.

규조류에 추가되는 1개의 이온

규조류와 방산충은 물에 녹아 있는 규산염을 선택적으로 흡수해 산화규소로 껍질을 만들어 냅니다. 하지만 규산염은 물에 용해되지 않아요. 바닥의 돌을 살펴보세요! 실제로 완전히 물에 녹지 않는 불용성 염류는 존재하지 않아요. 다만, 어떤 염은 이온을 전부 용액에 풀어놓는 반면, 어떤 염은 수십억 개 중 하나 정도만 이온 상태로 방출할 뿐이죠.

그럼에도 불구하고, 규조류와 방산충은 그 극히 드문 규산염 이온 하나까지도 정확히 포착해서 자신들의 정교한 껍질을 만들어 냅니다. 정말 놀라운 자연의 기술이죠!

🌸 냄비는 어떻게 닦아야 할까?

도보 여행 중에 설거지를 한다면 단
단한 속새* 줄기로 만든 천연 수세미를
이용할 수도 있어요(속새가 많다면 수세미
를 만들더라도 자연에 큰 해가 되지는 않을 겁
니다). 속새 역시 토양의 규산(산화규소)

을 선택적으로 흡수해 세포막을 가득 채울 수 있어요. 산화규소는 철보다
훨씬 강할 정도로 매우 단단한 광물에 속하죠. 철 수세미보다 속새 줄기
로 냄비를 훨씬 깨끗하게 닦아낼 수 있는 것도 바로 이 때문이에요.

🤖 반도체 칩에 들어가는 규소

규소는 지구 지각뿐만 아니라 모
든 '스마트' 기술의 기초가 되기도 합
니다. 그 이유는, 순수한 형태의 규소
가 반도체의 특성을 가지고 있기 때
문이죠. 산소, 산(단, 불화수소산 제외),
그 밖의 공격적인 시약을 무서워하
지 않는 규소를 이용해 얇은 판을 만
드는 일도 어렵지 않아요. 그런 판은

* 속새: 습한 그늘에서 자라는 상록의 양치식물.

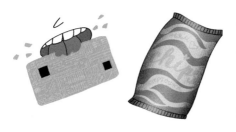

거의 모든 초소형 회로와 칩을 이루는 기초가 됩니다.

'칩chip'은 영어로 얇고 가늘게 쪼갠 조각을 뜻하죠. 그렇게 얇은 초소형의 규소 조각 위로 불소 화합물이 식각 공정*을 거쳐 홈을 만들고, 그런 홈은 금속이나 그 밖의 반도체로 채워질 수 있습니다. 그 결과 연산 기능을 수행할 수 있는 초소형 회로가 완성됩니다!

실리콘 밸리

컴퓨터 기술은 샌프란시스코 지역에서 특히 급속도로 발전해 '실리콘 밸리 Silicon Valley'라는 별칭까지 붙었어요. 모든 컴퓨터는 실리콘 웨이퍼**를 기반으로 만들어집니다. 러시아에서 이런 지역은 간혹 '실리콘silicone'으로 불리

죠. 하지만 이는 잘못된 오역이에요. 영어로 실리콘은 정확히 'silicon'이고 유기 규소*** 중합체를 뜻하는 'silicone'이란 단어는 따로 있답니다. 알

---

* 식각 공정: 화학 약품의 부식 작용을 이용해 특정 물질을 제거하는 공정.
** 실리콘 웨이퍼: 실리콘 결정을 얇게 잘라서 판 모양으로 만든 것으로 반도체 집적회로나 태양 전지에 널리 이용되는 기본 재료.
*** 유기 규소: 탄소-규소 결합을 이용한 유기 화합물.

파벳 하나 차이지만 엄청난 차이죠.

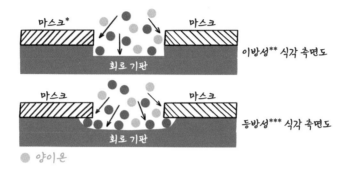

● 양이온

☺ 유리

규소는 컴퓨터에만 들어가는 것이 아니라 유리에도 들어갑니다. 어떤 종류의 유리든 이미 살펴본 산화규소(SiO_2)가 주재료예요. 규소를 녹여 원하는 형태로 만드는 거죠. 규소는 녹는 속도가 매우 느려요. 녹는점을 낮추기 위해 혼합물에 탄산나트륨이나 탄산칼륨을 추가하기도 하죠. 강도를 높이기 위해 석회를 넣기도 하고요. 탄산나트륨은

* 마스크: 반도체 집적회로를 제조하는 과정에서 사용하는 미세한 전자회로가 그려진 유리판.
** 이방성: 물질의 특성이 방향에 따라 변하는 것.
*** 등방성: 물질의 특성이 방향에 관계없이 동일한 것.

유리가 물에 민감하게 반응하도록 만들고, 석회는 물을 견디는 내수성을 회복시켜 줍니다.

흑요석 같은 천연 유리도 존재해요. 화학식이 SiO_2로 같다면 흑요석과 석영은 어떻게 다를까요? 흑연과 다이아몬드처럼 결정 격자에서 차이가 납니다. 유리는 투명한 결정 격자를 형성하지 않는 무정형이에요. 과장 없이 말하자면, 유리는 매우 걸쭉하면서도 느릿느릿 흘러가는 액체라고 할 수 있답니다.

😊 이 모든 게 유리라니!

수많은 종류의 유리가 있어요. 그중에는 창유리로 쓰인 얇고 유연한 소다석회 유리가 있습니다. 그런 유리로 만든 제품은 일품으로 꼽힙니다.

$$1Na_2O : 1CaO : 6SiO_2$$

소다 유리의 화학적 조성

$$1K_2O : 1CaO : 6SiO_2$$

칼륨 유리의 화학적 조성

칼륨석회 유리도 있고(칼리로도 불리는 칼륨은 나뭇재에서 얻습니다), 산화붕소를 첨가해 만든 붕규산 유리도 있어요. 크리스털은 석회 대신 납이나 산화바륨이 첨가된 납유리예요. 석영 유리만이 첨가물이 없는 순수한 석영이죠.

✿ 퉁퉁마디

퉁퉁마디, 또는 유리풀의 영어 이름 'glasswort'는 문자 그대로 '유리 뿌리'를 의미합니다. 16세기에 영국에 도착한 베네치아 유리 세공사들이 유리풀을 그렇게 불렀어요. 유리풀은 염분이 많은 염습지에서 자라기 때문에 자연스럽게 많은 양의 염분을 흡수합니다. 이 식물은 말려서 태운 뒤, 그 재를 유리에 첨가해 융점(녹는 온도)을 낮추는 데 사용되었습니다.

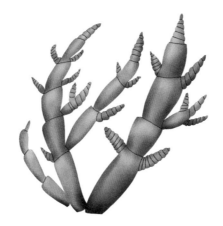

인
PHOSPHORUS

 인의 다양한 모습

탄소나 산소와 마찬가지로 인도 한 가지 물질이 아닌 적어도 셋 이상의 여러 물질을 만들 수 있어요.

백색을 띤 인은 밀랍처럼 보입니다. 칼로 쉽게 자를 수 있고 손가락으로도 부술 수 있지만, 함부로 집어 들면 안 돼요. 독성이 높고 불에 잘 타는 가연성 물질이라 피부에 닿으면 저절로 불이 붙기 때문이에요.

공기 중에서는 점차 산화하면서 연녹색으로 빛납니다. 공기와 차단한 채로 흰색의 인을 가열하면 붉은색으로 변하면서 안정성은 높아지고 유독성은 줄어듭니다. 붉은색의 인에 엄청난 압력을 가하면 검은색으로 변합니다. 외관상 검은색 인은 흑연과 비슷하죠. 촉감이 미끄러거리고 전기도 전달합니다. 화학적으로 안정된 상태라 자연 상태에서는 불에 타지 않아요.

⟨⟩ 성냥

성냥개비의 머리를 이루는 주요 물질은 황(연료)과 염소산칼륨(산소 공급원)입니다. 거친 성냥갑 표면에는 다른 물질로 얇게 '희석한' 붉은색을 띤 인이 들어 있어요. 성냥갑에 문지르면 붉은 인이 흰색으로 변하면서 확 타올라 성냥개비 머리에 불이 붙죠. 이때 불에 잘 타지 않는 불연성 '시너(희석제)'는 성냥갑 전체로 불이 번지지 않게 막아줍니다.

⌣ 금을 찾아서

인은 1699년 독일의 연금술사인 헤니히 브란트^Hennig Brandt(1630~1710)에 의해 발견되었어요. 다른 연금술사와 마찬가지로 브란트 역시 값싼 물질에서 금을 얻을 수 있다고 믿고 있었습니다. 그중에 하나는 노란색을 띤 소변이었어요. 소변을 증발시키고 남은 침전물을 숯으로 태워 어둠을 밝히는 신비한 흰 물질을 얻어낸 거죠. 브란트는 이 물질을 '빛의 전달자'라는 뜻을 가진 그리스어를 본떠 '인'이라고 불렀답니다.

순진한 연금술사가 무심코 시도했던 것은 어떤 화학 반응일까요? 소변에는 여러 염분 중에 인산염이 들어 있습니다. 인산염을 가열하면 혼합물 속에 있던 인이 탄소로부터 전자를 빼앗게 됩니다. 그러면 산소는 인에서 탄소로 '갑자기 옮겨갑니다.' 그 결과 이산화탄소와 순수한 인이 만들어집니다.

$$4H_3PO_4 + 5C \rightarrow 6H_2O + 5CO_2 + 4P$$

유전의 물질

유기 물질을 이루는 기본 요소는 탄소, 질소, 산소, 수소입니다. 하지만 생명체는 인 없이는 생존할 수 없죠! 인은 DNA의 필수 성분으로 염색체는 인으로 이루어져 있어요. 게다가 인은 인산 잔여물의 형태로 뼈와 치아를 이루기도 합니다.

문제는 토양에서 인의 공급 부족 현상이 종종 일어난다는 겁니다. 식물에 인이 부족하면, 우리는 식품을 통해 충분한 인을 얻기 어려워요. 영양학자들이 해산물을 많이 먹으라고 권하는 것도 그

런 이유 중의 하나예요. 해산물에는 다량의 인이 들어 있으니까요.

🐾☠️ 가장 강력한 독

어떤 인 화합물에는 무시무시한 독이 들어 있어요. 여기에는 타분tabun, 사린sarin, 소만soman, 악명 높은 노비촉novichok 같은 군사용 독물이 포함되어 있죠.

😀 바스커빌가의 사냥개

아서 코넌 도일A. Conan Doyle(1859~1930)*의 소설에서 미신에 사로잡힌 귀족을 무너뜨리려고 했던 범인은 '유령 개'를 이용해 그를 겁주기로 합니

* 아서 코넌 도일: 영국의 의사이자 소설가. 셜록 홈스가 주인공으로 등장하는 추리 소설이 대표 작품이다.

다. 범인은 큰 개의 주둥이에 인 화합물을 발라두죠. 덕분에 개는 어둠 속에서 밝게 빛납니다.

실제로 가능한 일일까요? 가능하긴 합니다. 하지만 인은 틀림없이 불에 타지 않는 다른 물질과 희석해 두었을 거예요. 그렇지 않으면 바람이 불 때 인에 불이 붙어 개가 타버렸을 테니까요. 어떤 경우든 개는 그리 오래 살지 못했을 거예요. 주둥이를 핥으면서 빨아먹었다면 치사량에 해당하는 인을 섭취했을 가능성도 있기 때문이죠.

황
SULFUR

화산의 산물

황은 흔히 순수한 형태로 발견되는 몇 안 되는 원소 가운데 하나예요. 자연계에서 황은 화산 근처에서 쉽게 찾아볼 수 있어요. 황은 화산 가스의 분출이 사그라지는 시기에 배출되며 노란색 결정의 형태로 쌓입니다. 여러분도 철길을 따라 걷다 보면 황을 볼 수 있을 거예요. 수송 중에 간혹 노란색 자갈이 열차에서 떨어져 나오니까요.

황 O   황 X

혹시, 우리 몸속에 존재하는 '노란색' 물질이 황이 아닐까 의심하고 있나요? '귀지'는 노란색이라는 점을 제외하면 실제 황과는 아무런 관계가 없어요. 귀지는 단백질, 지방, 염분의 혼합물이랍니다.

지옥의 냄새

　썩은 달걀과 장내 가스를 떠올리게 하는 유황 온천의 불쾌한 냄새는 황화수소(H_2S)가 풍기는 냄새입니다. 온천의 유황이 어디에서 나오는지는 분명하죠. 바로 암석과 화산 가스랍니다. 유황 온천은 흔히 활화산이나 휴화산에 자리 잡고 있지요.

　온천에서 썩은 달걀 냄새가 나는 이유는 뭘까요? 황화수소는 단백질 분해 과정에서 발생합니다. 여기에는 황을 포함한 아미노산도 들어 있어요. 이 경우에 메르캅탄으로도 불리는 티오알코올 같은 그 밖의 황화합물도 형성됩니다. 이런 화합물은 끝부분에 -SH가 달린 유기 분자예요.

　사람의 코는 메르캅탄의 냄새에 워낙 민감해서 '악취를 풍기는' 분자가 공기 중에 1,000조(10^{15}) 당 1개만 있어도 냄새를 맡을 수 있답니다. 남아메리카의 독수리는 메르캅탄의 냄새로 먹이(부패 중인 동물의 사체)를 찾아냅니다.

안전장치로 이용되는 악취

　사람의 코는 아주 적은 양이라도 냄새를 감지할 수 있기 때문에 메르캅탄이 가정용 가스의 냄새 센서 취기제로 이용됩니다. 천연가스 메테인은 우리가 맡을 수 없어서 누출되면 엄청난 위험을 초래하죠. 메테인은 독성도 있고 폭발력도 강합니다! 하지만 극소량의 메르캅탄을 첨가하면 가스가 조금만 새도 금방 알아차릴 수 있답니다.

🌼 스컹크에서 자몽에 이르기까지

여러분도 알다시피, 스컹크는 고약한 액체를 이용해 적으로부터 자신을 보호합니다. 물론 여기에도 메르캅탄이 들어 있어요. 그런데 메르캅탄이라고 해서 모두 나쁜 냄새를 풍기는 것은 아니에요. 메르캅탄 중에는 강하지만 자몽처럼 기분 좋은 냄새가 나는 것도 있답니다.

물질의 농도 역시 매우 중요합니다. 또 다른 황화합물(디메틸황)의 농도가 증가하면 신선하고 매혹적인 '바다 내음'도 썩어가는 조류가 풍기는 악취로 쉽게 바뀌고 말아요. 조류가 부패하는 과정에서 이런 물질이 형성됩니다.

😊⚥ 양파 썰 때 나오는 눈물

양파 세포가 파괴되면 황, 산소, 탄소의 불안정한 화합물이 공기 중에 배출됩니다. 그런 화합물 증기가 눈에 들어가면 아주 적은 양의 산을 형성해 얼얼한 통증을 일으키죠. 그 밖의 황화합물은 해충에게는 치명적일 수도 있고 불쾌감만 줄 수도 있습니다.

아주 오랜 옛날부터 정원에는 '유황을 이용한 훈증 소독'이 이루어져 왔어요. 유황을 태워 식물 쪽으로 연기를 보냄으로써 해로운 곤충과 질병, 심지어 설치류로부터 수확물을 보호하는 방법이죠. 이산화황은 포도주와 말린 과일에 방부제로 이용된답니다.

황산

해마다 200톤가량의 황산이 전 세계적으로 생산됩니다. 황산은 비료를 생산하고, 광석을 가공하고, 직물을 만들고, 화학 합성을 하는 것은 물론 식품 산업에도 이용됩니다!

염소
CHLORINE

염소의 유래

염소chlorine를 발견한 사람들은 황록색을 뜻하는 고대 그리스어 '클로로스chloros'에서 그 이름을 따왔어요(염소는 정확히 황록색을 띠죠). 20세기 초까지만 해도 '염소'란 단어는 불쾌함과는 전혀 거리가 멀었어요. 오히려 부활의 상징으로 여겨졌으며, 이처럼 오래된 이름은 로마 황제에 의해 붙여졌답니다.

하지만 제1차 세계 대전은 모든 것을 바꾸어 놓았죠. 염소 가스가 끔찍한 화학 무기로 이용되기 시작하면서 기도와 눈에 화상을 입혀 고통스러운 죽음을 불러온 겁니다.

☺ 할로젠

그리스어로 '소금이 들어 있는'이라는 뜻의 '할로젠halogen'이 염소를 가리키는 용어로 제시되었어요. 그러다 결국 주기율표의 끝에서 두 번째 세로줄에 있는 원소들 모두 할로젠 원소로 불리게 되었답니다.

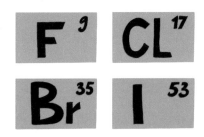

실제로 불소부터 아이오딘에 이르기까지 17족에 속한 모든 원소는 같은 성질을 갖고 있어요. 하나같이 강하고 적극적인 산화제인 이들 원소는 다른 원소로부터 어떻게든 전자 하나를 끌어오려는 성향을 보입니다.

하지만 그렇게 전자를 얻고 나면 원자는 음이온으로 바뀌어 여간해서는 화학 반응을 일으키지 않게 되죠. 할로젠 원소가 공격적인 산화제에서 온순한 소금으로 바뀐 겁니다. 여러분도 알다시피, 나트륨염과 염소는 실

제로 염화나트륨(소금)의 형태로 날마다 우리가 먹고 있지요.

 수영장에서는 무슨 일이 벌어질까?

수영장을 이용해 본 사람이라면 염소 냄새에 익숙해져 있을 겁니다.

실제로 물은 살균을 위해 염소 혹은 오존 처리(95쪽 참조)가 됩니다. 하지만 실제로 수영장 물에서 나는 냄새는 염소가 아니라 질소 화합물인 삼염화질소 냄새예요. 이 물질은 염소가 요소와 반응하는 과정에서 만들어지죠.

그러면 수영장 물속의 요소는 어디에서 왔을까요? 사람들의 피부에서 배출된 땀에서 나옵니다. 땀에도 요소가 들어 있으니까요. 하지만 여러분이 상상하는 일(?)도 일어날 수 있죠.

세균에게 잔인한 염소

우리 일상에서 가장 널리 알려진 염소 화합물은 표백제예요. 염소계 표백제죠. 이것은 살균제와 표백제로 모두 이용됩니다.

$$Ca(OH)_2 + Cl_2 = CaCl(OCl) + H_2O$$

표백제의 작용 '수단'은 염소뿐만 아니라 원자 산소도 포함됩니다. 원자 산소는 표백제가 자연적으로 분해되는 과정에서 형성돼요.

염소도 그렇지만, 특히 원자 산소는 살아 있는 모든 생명체를 죽이는 무척 공격적인 물질이죠. 따라서 표백 처리된 표면에 있던 세균은 살아남을 가능성이 없어요.

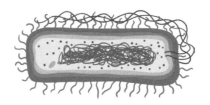

염소는 세균의 세포막 물질을 파괴할 뿐만 아니라 내부까지 침투한답니다. 거기에서 염소는 세포질 내의 물질을 산화시켜 파괴하고 단백질과 효소 분자의 결합을 일으키며, 다양한 방식으로 물질대사를 방해하죠. 세균은 결국 고통스러운 죽음을 맞이하게 됩니다.

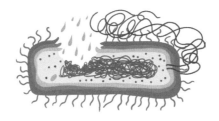

😊 소금이 월급이라고?

염소와 나트륨은 따로 있을 때는 매우 위험한 물질이에요. 하지만 둘이 합쳐져 식용 소금(염화나트륨)을 형성하면 전혀 해롭지 않을 뿐 아니라, 우리에게 소금 없는 삶은 오히려 상상도 할 수 없죠. '소금(영어로 salt, 라틴어로 sal)'이란 단어는 다양한 언어에서 여러 방식으로 표현되었어요.

salarius   sal   salatus

　가령 '급여'를 의미하는 영어 단어인 'salary'의 어원은 고대 로마 시대까지 거슬러 올라갑니다. 당시에 군인들은 급여를 소금으로 받았다고 해요. 말하자면, 'soldier'란 'salt'를 받는 사람으로, 두 단어는 어원이 같다고 볼 수 있죠.

소금

☠ 어디로 피하지?

염소 누출 사고는 오늘날에도 여전히 일어납니다. 염소를 생산 중인 어딘가에서 탱크가 폭발한다면 말이죠. 그런 사고가 여러분 가까이에서 일어날 경우를 대비해 기억해 두어야 할 가장 중요한 사실은 염소가 공기보다 훨씬 무겁다는 거예요.

이는 염소가 저지대로 모여든다는 뜻이니까 염소가 누출되면 높은 곳(가령, 건물의 꼭대기 층)으로 달려갈 필요가 있어요. 그리고 소매가 긴 두꺼운 옷을 입는 것이 좋아요. 염소는 피부에도 위험하니까요. 젖은 옷으로 코와 입을 막으세요. 이보다 좋은 방법은 베이킹 소다(탄산수소나트륨) 용액으로 적셔주는 거예요. 결국

염소도 물에 녹으면 염산을 만들어 내고, 여러분도 알다시피 소다(탄산)는 이를 중화시키는 역할을 하죠. 수영장이나 건설 현장에서 쓰는 고글로 눈을 보호하는 것도 좋은 방법입니다. 최악의 경우에는 그냥 안경이라도 써야겠죠.

칼륨
POTASSIUM

☺ 신경 이온

이미 살펴본 대로(109쪽 참조) 신경 자극은 나트륨 이온 덕분에 세포 구석구석까지 전달됩니다. 하지만 칼륨 이온도 그 못지않게 중요하죠. 신경 세포가 작동하려면 세포막에 전하 차가 만들어져야 해요. 세포막 바깥은 나트륨 이온(Na^+)이 많이 존재하고, 안은 유기산, 단백질, 인산염을 비롯한 그 밖의 음이온이 많이 존재합니다. 전하 차는 1V의 10분의 1 수준에 이릅니다. 혹은 손가락만 한 배터리 전력의 15분의 1 수준이죠. 작은 세포치고는 나쁘지 않은 수준이랍니다! 그렇다면 나트륨 이온을 어떻게 밖으로 몰아낼까요?

이를 위해 세포막에는 '이온 펌프'로 불리는 특별한 단백질이 존재합니다. 이 단백질은 3개의 나트륨 이온을 붙잡아 에너지를 소모해 가면서 '밖으로 던져버립니다.' 또 세포막 바깥쪽에서는 2개의 칼륨 이온을 붙잡

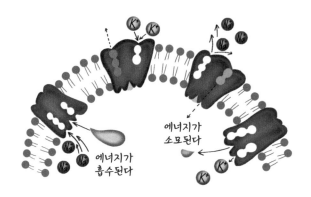

에너지가
소모된다

에너지가
흡수된다

아 안으로 던져넣는 과정을 '되풀이'합니다. 말하자면, 단백질 펌프를 작동 상태로 되돌리는 것은 칼륨인 거죠.

칼륨이 없다면 신경 세포는 제대로 작동할 수 없어요. 주기마다 3개의 양이온을 밖으로 내보내고 2개의 양이온만을 안으로 들이기 때문에 세포막에는 필요한 전하 차가 자연스럽게 발생하죠.

칼륨과 식물

칼륨(그보다는 칼륨 이온)은 동물과 인간뿐만 아니라 식물에도 꼭 필요해요. 칼륨은 조직의 수분 유지를 돕는 역할을 하죠. 토양에 칼륨이 부족하면 식물의 잎 끝부분이 말

라버릴 수 있어요. 잎 중앙에 있는 세포에는 여전히 물이 충분하지만, 가장자리까지는 물이 느리게 도달하기 때문에 신선한 물을 받기 전에 말라죽고 맙니다. 농업에서 엄청난 양의 칼륨 비료가 요구되는 것도 놀랄 일은 아닙니다.

♡ 바나나와 친해지세요

사람은 음식과 물을 통해 날마다 2~5g의 칼륨을 섭취할 필요가 있어요. 섭취된 칼륨은 소변과 땀으로 배출되죠. 원칙적으로 칼륨은 모든 생산물에 들어 있어요. 여러분도 알다시피, 칼륨은 식물과 동물에서 모두 찾아볼 수 있지만 채소, 생선, 유제품, 건살구, 바나나, 초콜릿 등에 특히 풍부합니다.

유감스럽게도, 식품을 통해 칼륨을 섭취할 때 우리는 방사성 동위 원소인 40K까지 먹게 됩니다. 그러면 칼륨이 풍부한 식품을 덜 먹어야 하는

걸까요? 그렇지 않습니다. 40K를 비롯한 모든 칼륨은 식품과 함께 체내에 들어왔다가 빠져나가갑니다. 스트론튬이나 아이오딘(202쪽, 236쪽 참조)과는 달리 체내에 오래 머물지 않아요.

다른 것과 마찬가지로 지나친 칼륨 섭취는 몸에 해로워요. 하지만 식품을 통해서는 그렇게 많은 양의 칼륨을 섭취하지 못할 거예요. 다만 특별한 조제약을 과다 복용해야만 가능한 일이죠. 초콜릿과 바나나는 마음껏 먹어도 괜찮아요!

자, 먹어보자고!

 재

우리는 일상에서 식용 소금이나 탄산나트륨(소다)처럼 나트륨 화합물을 많이 사용하지만, 칼륨 화합물은 그렇게 널리 쓰이지 않습니다. 그렇

지만 여러분은 아마 탄산칼륨 혼합물을 본 적이 있고, 심지어 손에 쥐어 본 적도 있을 거예요. 그것은 바로 '재'입니다.

식물 조직에는 다량의 염화칼륨과 염화칼슘이 들어 있어요. 그것을 태우면 공기 중으로 날아가지 않고 재로 남죠. 이런 재를 훌륭한 칼륨-칼슘 비료로 이용하는 것은 당연한 일이겠죠? 옛날에는 재를 받아서 잿물을 얻었고 이를 이용해 비누를 만들었답니다. 칼리(탄산칼륨의 속칭)는 유리를 만드는 데도 이용됐어요(128쪽 참조).

칼슘

CALCIUM

☺ 계산기의 친척

라틴어 'calx'는 흔히 석회암 혹은 백악으로 불리는 연질의 암석(칼슘을 기반으로 한 광물)을 가리키며 영어로는 'chalk'로 표기됩니다. 셈에 이용되던 작은 돌은 'calculus*'로 불렸고, 이는 계산기를 뜻하는 'calculator'로 발전했답니다.

🤖 칼슘과 빛

리가 구시가지에는 '칼쿠Kalku'라는 이름의 거리가 있는데, 이는 석회를 굽는 가마에서 유래한 이름입니다. 석회를 굽는 과정에서는 탄산칼슘이 산화칼슘, 즉 생석회로 변하는데, 이 생석회는 건축 자재나 회벽칠에 쓰였으며, 또한 무대 조명의 강한 광원으로도 사용되었습니다.

---

* calculus: 오늘날 미적분학을 뜻하는 영어 단어.

산소-수소 불꽃을 산화칼슘으로 만든 실린더에 갖다 대면, 산화칼슘이 새하얗게 달아오르며 밝은 백색광을 발했습니다. 이러한 원리는 과거 무대용 스포트라이트 조명으로 널리 쓰였습니다.

오늘날에도 칼슘카바이드(탄화칼슘)를 기반으로 한 '카바이드 램프'가 여전히 사용되며, 대표적으로는 전기가 들어오지 않는 동굴에 들어가는 동굴 탐험가들이 사용합니다. 이 램프는 탄화칼슘에 물을 떨어뜨려 아세틸렌 가스를 발생시키고, 이 가스를 태워 밝고 하얀 불꽃을 냅니다.

피와 뼈

칼슘은 우리 몸의 2%가량을 차지합니다. 물론 금속의 형태가 아닌 칼슘 이온(Ca^{2+})의 형태이고 다양한 화합물의 일부를 이루고 있답니다.

뼈와 치아는 단단한 칼슘염(수산화인회석)으로 이루어져 있죠. 또 용액에 떠 있는 칼슘 이온은 신경 자극의 전달에 참여하고, 우리가 상처를 입었을 때 혈액 응고를 돕고, 순환계 기능에서 일반적으로 매우 중요한 역할을 합니다.

혈액의 칼슘 농도는 정확한 수치로 정해둘 필요가 있어요. 칼슘의 양이 많다면 우리 몸은 혈액의 칼슘을 뼈로 '밀어내야' 해요. 반대로 부족하다면 뼈에서 칼슘을 빌려와야겠죠. 과학자들은 진화 과정 초기에는 뼈가 지지물이라기보다는 칼슘 '침전물'이었다고 추정하고 있어요. 어류와 같은 인류의 먼 조상에게는 혈액 속의 칼슘 이온 농도를 일정하게 유지하는 것이 매우 중요했답니다.

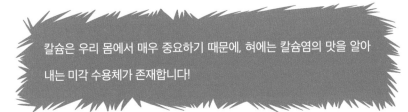

칼슘은 우리 몸에서 매우 중요하기 때문에, 혀에는 칼슘염의 맛을 알아내는 미각 수용체가 존재합니다!

어디든 존재하는 칼슘

우리에게는 다행인 일이지만, 지구의 지각에 칼슘이 부족할 일은 없답니다. 백악, 석회암, 백운석, 대리석은 모두 칼슘염(탄산염)을 기본으로 한 광물입니다. 석고는 황산칼슘이에요. 연체동물의 껍질뿐만 아니라 연체

동물이 만들어 낸 진주, 자개 역시 탄산칼슘으로 이루어져 있죠. 특히 자개는 탄산칼슘과 단백질이 번갈아 가며 쌓인 진주층이랍니다.

👀 진주 다루는 법

색이 바랜 진주의 빛깔을 되찾으려면 그것을 자주 몸에 걸칠 필요가 있다고 합니다. 말하자면 이런 겁니다. 원칙적으로 땀은 약산성을 띱니다. 진주는 산에 녹기 때문에 땀이 진주의 가장 바깥층을 살짝 녹이면서 윤을 내는 거예요. 보석상은 아세트산이나 염산을 엷게 희석한 용액으로 진주를 닦아내기도 합니다. 하지만 이런 작업은 매우 조심스럽게 이루어져야 해요. 산과 너무 오래 접촉할 경우, 진주는 흔적도 없이 녹아버릴 테니까요.

🧪 뼈에 필요한 칼슘

달걀 껍데기 역시 칼슘염으로 이루어져 있어요. 한번 확인해 볼까요?

1. 식초를 부어둔 유리컵에 달걀 껍데기를 넣어줍니다.

24 **시간**

2. 하루가 지나고 나면 달걀 껍데기가 녹아 보호막 없이 액체 상태의 달걀만
   남아 있을 거예요. 칼슘이 부족하면 우리 뼈에도 비슷한 일이 벌어진답니
   다. 이 경우 아이들은 구루병에 걸리게 되는데, 심하면 연약해진 뼈가 구부
   러집니다.

스칸듐,
타이타늄, 바나듐
SCANDIUM, TITANIUM, VANADIUM

 멍게와 바나듐

바나듐과 그 화합물의 상당수는 사람에게는 해로우나 바다에 사는 해삼 같은 일부 무척추동물의 생존을 위해서는 필요하기도 합니다. 멍게는 이런 원소의 이온을 낱개로 흡수하지 않고 광석보다 높은 농도로 바나듐을 축적합니다. 멍게에서 얻은 바나듐을 산업적으로 이용하는 기술은 지금도 개발 중입니다.

멍게뿐만 아니라 광대버섯도 바나듐을 선택적으로 축적합니다.

발견의 땅

드미트리 멘델레예프가 원
소의 주기율표를 만들 당시
만 해도 스칸듐은 알려지지
않았어요. 멘델레예프는 '에
카붕소ekaboron'의 존재를 예

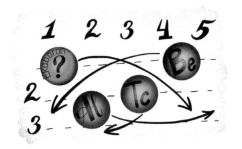

측하면서 빈칸을 남겨두었죠(그가 가정했던 원소는 붕소나 알루미늄과 마찬가지
로 바깥 궤도에 3개의 자유 전자를 갖고 있었어요).

10여 년이 지나 스웨덴의 화학자 라르스 닐손Lars Nilson이 스톡홀름 반
도에 있는 레사뢰Resarö 섬의 채석장에서 나온 광석에서 스칸듐을 발견
했어요. 이 섬에서 나온 광석
의 화합물에서 무려 17가지
나 되는 새로운 원소가 발견
됐답니다. 그중 4개는 섬에
위치한 작은 마을 '위테르뷔
Ytterby'의 이름을 따서 이트륨

yttrium, 어븀erbium, 터븀terbium, 이터븀ytterbium으로 불리게 됐어요.

가루를 조심하세요

금속의 타이타늄은 안전하지만, 미세한 가루 형태가 되면 암을 일으킬 수 있어요. 이 때문에 타이타늄이나 그 합금으로 만든 제품을 절단하거나 연마할 때는 반드시 방진 마스크를 착용해야 합니다.

타이타늄의 다양한 쓰임새

타이타늄과 그 합금은 우선 단단하면서도 가벼워요. 우주 정거장을 만드는 데 안성맞춤이죠. 화학적으로는 비활성 물질이라 우리 몸의 조직과도 반응하지 않아요. 게다가 우리의 뼈조직은 타이타늄 제품에서도 '얼마든지' 자랍니다. 그래서 타이타늄 합금은 치과 보철물과 인공 뼈, 피어싱용 장신구 등에 이용된답니다.

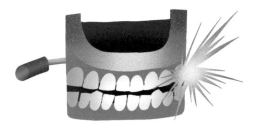

새하얀 타이타늄 산화물은 화장품, 식품 착색제, 알약 충전재, 플라스틱, 페인트 등 매우 다양한 용도로 이용됩니다. 하지만 유럽에서는 2021

년부터 식품, 의약품, 화장품에는 타이타늄을 사용하지 못하도록 하고 있어요.

🧹 교회 지붕이 거무스름해지는 이유

질화타이타늄은 겉으로 보기에는 금과 분간이 어려워요. 덕분에 반구형으로 된 교회 지붕을 덮는 소재가 되기도 한답니다. 모스크바의 구세주 그리스도 대성당 지

금   질화타이타늄

붕을 덮고 있는 것도 질화타이타늄이에요. 안타깝게도, 대기 오염 때문에 질화타이타늄이 붉은색으로 급속히 변해가고 있어서 오늘날 성당 지붕은 더는 황금색으로 보이지 않죠.

🤖 포드 자동차를 만든 금속

바나듐이 없었다면 아마 오늘날 포드 자동차도 없었을 거예요. 바나듐으로 처리한 강철은 무게는 가볍지만 서로 잡아당기는 인장력은 커서, 헨리 포드는 바나듐강을 자동차의 대량 생산에 활용했습니다.

$$FeTiO_3$$

일메나이트(타이타늄철석)

🌸 광물학적 명소

타이타늄을 이루는 주요 광물은 러시아 우랄 남부의 일멘^{Ilmen} 산맥에서 이름을 딴 일메나이트^{ilmenite}예요. 그곳에서는 사파이어, 토르말린(전기석), 아콰마린, 아마조나이트를 비롯한 16가지의 멋진 광물이 발견되었습니다. 원래 야생동물을 보호하기 위해 지정된 일멘스키^{Ilmensky} 보호 구역이 '광물학적'으로 명성을 얻게 된 것도 바로 이 때문이죠.

크롬, 망가니즈
CHROMIUM, MANGANESE

![smiley] **다채로운 색을 띠는 크롬과 망가니즈**

크롬은 은백색으로 빛나는 대표적인 금속이에요. 금속공학자들은 크롬과 망가니즈를 '철금속'으로 분류해 다양한 등급의 강철을 만드는 데 이용합니다.

크롬은 그리스어로 '색깔'을 의미합니다. 어원이 같은 단어로는 '크로마토그래피chromatography*', '염색체 chromosome'가 있죠. 맞아요. 크롬염은 문자 그대로 온갖 색으로 나타날 수 있어요! 크롬 말고도 칙칙한 회색을 띤 순수한 망가니즈염 역시 매우 다양한 색을 띤답니다.

---

* 크로마토그래피: 혼합물에서 각 성분을 분리하고 분석하는 방법.

♥️ 과망가니즈산염

여러분은 대개 태어나고 나서 얼마간은 과망가니즈산칼륨과 가까이 지냈을 겁니다. 과망가니즈산칼륨 용액은 아기를 씻기는 데 이

용된답니다. 중독 증상을 보이는 환자에게는 아주 묽게 희석한 용액을 마시게 하기도 합니다. 상처 소독에도 이용되고 도보 여행 중에 물을 깨끗이 정화하는 데도 쓰이죠. 정원사들은 식물의 감염을 예방하기 위해 과망가니즈산칼륨 용액에 씨앗과 알뿌리를 담가두기도 해요.

과망가니즈산칼륨은 망가니즈산염입니다. 이런 산은 순수한 형태로는 존재하지 않아요. 망가니즈산염이 분해하고 나면 그 염분은 적어도 1개의 전자를 내줄 수 있는 물질에 '덤벼들' 준비가 된 셈입니다. 과망가니즈산칼륨이 유기 물질과 반응하면 원자 산소를 형성합니다. 1개의 산소 원자는 화학적으로 매우 활발해서 세균과 바이러스를 이루는 물질을 재빨리 산화시킵니다. 이것이 과망가니즈산칼륨의 살균·소독 효과의 원리예요.

$$O{=}\overset{\displaystyle O}{\underset{\displaystyle O}{Mn}}{-}O^{-} \ K^{+}$$

🧹 눈에 보이지 않는 광물

어느 집이든 과망가니즈산칼륨 말고도 망가니즈 화합물이 하나 더 있지만, 우리 눈에는 보이지 않죠. 정확히 말하면, 그것이 중요한 이유는 눈에 보이지 않기 때문이에요. 연망가니즈광(망가니즈 산화물)으로 불리는 광물은 투명도를 향상하기 위해 유리에 첨가됩니다.

☠️ 가방에서 불이 날 수 있어요

과망가니즈산칼륨은 강한 산화제라서 외부적 원인 없이도 유기 물질과 반응을 일으킵니다. 화약처럼 충격을 줄 필요도 없어요. 하지만 화학 반응으로 엄청난 양의 열이 배출되기 때문에 과망가니즈산칼륨을 유기 물질과 혼합하는 것만으로도 불이 붙을 수 있어요.

그러니 가방에 보관할 때는 절대 약 옆에 두지 마세요. 가방 안에서 두 물질이 섞이면 곤란한 일이 생길 거예요. 과망가니즈산칼륨은 유리병에 넣은 다음 뚜껑을 꽉 닫아두어야 해요.

⚗️ 크롬 도금

크롬으로 도금한 부분은 매우 보기 좋아요. 하지만 도금을 하는 가장 큰 이유는 미적인 이유보다는 크롬층이 마모와 부식에 강하기 때문이에요. 오늘날은 크롬을 대신할 물질을 찾으려는 연구가 활발히 이루어지고 있답니다. 크롬 화합물을 만드는 동안 유독한 발암성 물질이 발생하기 때문이죠.

😀 크롬픽

실험실에서는 중크롬산칼륨(중크롬산염)을 '크롬픽chrompik'이라고 불러요. 밝은 주황색을 띠는 이 가루는 과거에 물감, 가죽 가공, 그리고 흑백 사진 인화에도 널리 사용되었습니다.

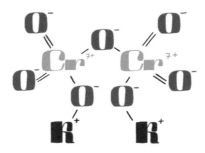

중크롬산칼륨을 다룰 때는 정신을 바짝 차려야 해요. 과망가니즈산칼륨만큼이나 강한 산화제이기 때문이에요. 망가니즈와 크롬은 바깥 전자를 마지막 하나라도 포기하려 하지 않고 다만 몇 개라도 되찾아오려고 하죠. 과망가니즈산염과 마찬가지로 중크롬산염에서도 금속 원자는 7개의 전자를 모두 내주고 맙니다. 실험실에서 사용되는 화학용 유리는 황산에 중크롬산칼륨 용액을 섞어 씻어냅니다. 그렇게 하면 이물질에 '살아 있는' 분자는 단 하나도 남아 있지 않을 거예요.

철
IRON

😊 역사의 엔진

청동기 시대에서 철기 시대로 넘어오는 데는 시간이 얼마 걸리지 않았습니다. 새로운 기술을 가장 먼저 정복한 나라는 이웃 나라에 비해 엄청나게 유리했죠. 강철로 만든 칼은 청동으로 만든 칼보다 강했어요. 강철 도끼는 3배나 빨리 나무를 자르고 처리해 냈죠. 덕분에 집과 선박을 더 빨리 만들고 숲을 경작지로 정리할 수 있었답니다. 강철로 된 쟁기 날이 없었다면 뿌리가 복잡하게 얽히고 설킨 숲이나 대초원 지역을 일구는 일은 꿈도 꾸지 못했을 거예요. 강철은 그것을

소유한 사람들이 다른 사람들과 자연을 정복할 힘을 주었어요. 한마디로, 인류의 역사를 바꾸어 놓은 겁니다.

철이냐, 강철이냐

사실 사람들이 철을 사용하는 경우는 거의 드물어요. 철은 무른 금속이고 그것에 자리를 내준 청동보다 약간 단단한 정도에 불과하죠! 우리 주변에 있는 물건은 대개 철과 탄소의 합금인 강철로 만든 거예요. 강철에 간혹 니켈, 크롬, 바나듐을 비롯한 금속을 첨가해 뛰어난 성질을 가진 합금을 얻습니다. 강철에 들어 있는 탄소의 무게는 2.14%에 불과해요. 원자 수로 따지면 10분의 1에 해당합니다. 그보다 많으면 강철이 아닌 무쇠가 되는 거죠.

우리 몸속에 있는 철분

철분은 우리 몸에서 가장 중요하면서도 없어서는 안 될 금속입니다. 철분 원자는 헤모글로빈을 구성하는 성분이에요. 헤모글로빈은 산소를 실어 나르는 적혈구의 주요 단백질이죠. 이와 비슷한 단백질인 미오글로빈은 근육에 존재하며, 산소를 수송하는 대신 산소가 '소모'되는 곳에 이를 저장하는 역할을 합니다.

놀랍게도, 철분은 자유로운 상태에서는 우리에게 오히려 독이 되기 때문에 두꺼운 페리틴ferritin 단백질 다발로 저장되죠. 철분이 부족하면 빈혈처럼 심각한 질병에 걸릴 수 있습니다. 헤모글로빈이 부족하면 우리 뇌와 신체 기관에는 산소가 거의 공급되지 않아요. 그래서 쉽게 피곤해지고 늘 기운이 없고 지적인 능력도 떨어집니다.

철분은 육류나 간을 통해 섭취하는 것이 가장 확실해요. 이 식품들에는 미오글로빈과 헤모글로빈 덕분에 철분이 풍부하게 들어 있을 뿐만 아니라 체내 흡수율도 매우 높습니다.

 ## 부식

철에는 장점이 많지만 한 가지 치명적인 단점이 있어요. 쉽게 부식하고 녹이 슨다는 거죠. 강철 제품을 보호하기 위해 페인트, 기름, 다른 금속(아연 도금, 크롬 도금)을 입히기도 합니다. 강철에 금속이 첨가되면 녹이 슬지 않아요. 철 표면에 강력한 산화물층을 만들 수도 있어요. 그런 산화물층은 알루미늄과 아연을 비롯한 금속을 훌륭하게 보호해 줍니다(119쪽, 183쪽 참조).

공기와 접촉한 철 산화물층은 헐거워지면서 물과 산소가 깊숙이 침투하고 말죠. 하지만 진한 황산 용액에 철 제품을 담가두면 검은색의 강한 산화막으로 덮일 거예요. 이렇게 파란색으로 보호막이 생긴 강철을 '블루드 스틸blued steel'이라고 합니다.

부식 실험

블루드 스틸의 부식 방지 성능을 살펴볼까요?

1. 철물점에서 검은색 나사 2개를 삽니다. 이들 나사는 모두 블루드 스틸이에요.

2. 둘 중 한 나사의 머리 부분을 줄로 문질러 검은 산화층을 없애버립니다.

3. 젖은 헝겊으로 두 나사를 감싼 다음 주기적으로 적셔줍니다. 실험을 빨리 진행하고 싶다면 헝겊을 적시는 물에 소금을 약간 넣는 것도 괜찮습니다.

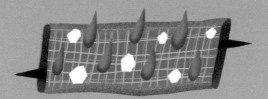

4. 보호막이 그대로 남아 있는 나사는 멀쩡한 데 비해 보호막이 손상된 나사는 부식되기 시작합니다. 보호막이 효과가 있었군요!

코발트, 니켈
COBALT, NICKEL

😊 산의 정령

코발트와 니켈은 예로부터 독일에서 전해 내려오는 전설에 등장하는 요정 코볼트Kobold와 짓궂은 산신령 니켈Nickel의 이름을 따서 붙여졌답니다. 특히 산신령 니켈은 구리와 비슷하나 그만큼의 가치도 없고 독성까지 있는 광물을 광부들에게 던져주었어요. 오늘날 이 광물은 니켈과 비소의 합금인 홍비니켈광nickeline으로 불립니다.

😊 삼총사

철, 코발트, 니켈이 공통으로 보여주는 놀라운 특성이 있습니다. 이들 삼총사는 자기장에 들어가면 강하게 자기를 띨 뿐만 아니라 자기장이 없어진 뒤에도 자성을 유지하죠! 말하자면, 이들 세 금속으로 영구적인 자석을 만들 수 있다는 얘기가 됩니다. 그런데 순수한 망가니즈가 아닌 일부 망가니즈 합금과 지구상에 존재하는 몇몇 희귀한 원소 역시 같은 성질을 보인답니다(239쪽 참조).

금속이나 그 합금이 영구적인 자석이 되는 성질을 '강자성ferromagnetism'이라고 합니다. '철'을 뜻하는 라틴어 'Ferrum'에서 유래됐죠. 철은 강자성을 가진 것으로 가장 널리 알려진 금속입니다.

스몰트

오늘날 스몰트smalt는 금속 산화물을 추가한 불투명한 유리를 가리킵니다. 러시아에서는 이 이름이 코발트 기반의 밝은 파란색 유리나 페인트를 지칭하는 데 사용되었습니다.

코발트 유리는 오래전에 만들어졌어요. 코발트 유리로 만든 식기와 보석은 고대 이집트의 무덤에서도 찾아볼 수 있죠. 고대 중국에서는 코발트 화합물로 꽃병을 칠했습니다. 아마 여러분 집에도 푸른빛을 띠는 유리병이 하나쯤은 있을 거예요. 집안의 선반을 둘러보세요. 아마 그런 꽃병은

코발트 산화물이나 탄산염으로 만들어졌을 겁니다. 향수병, 안경, 보석도 이처럼 아름다운 유리로 만들죠.

비타민일까, 독일까?

우리 몸은 아주 적은 양이라도 코발트가 필요합니다. 코발트는 비타민 B_{12}(시아노코발라민)의 일부를 이루고 있죠. 하지만 과유불급이란 말도 있듯이 무엇이든 적당한 것이 좋아요. 코발트 0.5g만으로도 중독과 암을 일으킬 수 있으니까요.

$$비타민 B_{12}$$
$$C_{63}H_{88}CoN_{14}O_{14}P$$

니켈 동전

누구든 집에 니켈을 갖고 있을 겁니다. 백동(구리와 니켈의 합금)이나 양은(구리, 아연, 니켈의 합금)으로 만든 식기류를 생각해 보세요. 동전 수집이

취미인 사람이라면 미국의 5센트짜리 동전이 흔히 '니켈'로 불린다는 걸 알고 있을 거예요. 물론 동전에 들어간 니켈은 25%에 불과하지만요. 캐나다의 5센트짜리 동전은 대개 니켈로 도금된 강철로 만들어졌습니다. 러시아의 은백색 동전 역시 백동과 양은으로 발행되었어요.

니켈 주의!

니켈 도금된 장신구는 아름다운 광택을 자랑하지만, 어떤 이들에게는 심각한 피부 염증을 일으킬 수도 있습니다. 땀에 녹는 니  켈은 소량에 불과하지만, 그만큼으로도 염증을 일으키는 데는 충분합니다. 오늘날 수많은 장신구에는 '니켈 불포함'이라는 문구가 붙어 있어요.

비밀 편지를 써 보세요

염화코발트 용액은 연분홍색이고 종이에서는 거의 보이지 않아요.

하지만 '비밀 메시지'가 적힌 종이에 약하게 열을 가하면 선명한 파란색의 글자가 종이에 나타날 겁니다. 글자가 다시 보이지 않게 하려면 종이에 입김을 불어넣어 축축하게 만들기만 하면 돼요.

주의! 잉크가 묻은 종이를 혀로 핥지는 마세요. 잉크에 독성이 있으니까요!

잉크에는 어떤 비밀이 있을까요? 염화코발트는 물과 결합하면 분홍색이 됩니다. 하지만 이를 가열하면 수분을 잃고 파란색으로 바뀌죠.

동기 시대의 여왕

구리는 인류가 초기에 발견한 금속 중 하나입니다. 사람들은 기원전 3~4세기부터 구리를 사용하기 시작했답니다. 사람들이 금속을 이용해 처음으로 연장을 만들면서 동기 시대가 석기 시대를 대신하게 된 겁니다.

주기율표에서 화학 기호 'Cu'로 표기되는 구리의 라틴어 이름 'cuprum'은 키프로스 섬에서 유래됐답니다. 이 섬에서는 오랜 옛날부터 많은 양의 구리가 제련되었어요. 키프로스는 미와 사랑의 여신 아프로디테(비너스)의 고향이기도 하죠. 파벨 바조프[P.P. Bazhov]가 묘사한 '구리산의 여왕'은 민간 설화를 통해 변형된 아프로디테일지도 모릅니다.

비너스와의 관계 덕분이든, '여성스러운' 부드러움 때문이든, 최초의 거울이 윤이 나는 구리판으로 만들어졌기 때문이든, 구리는 '여성적인 금속'으로 여겨지기 시작했고, 연금술사들은 구리가 거울을 상징한다고 믿었어요. '거울'을 뜻하는 영어 단어 'mirror'는 오늘날 생물학에서 암컷의 동식물을 가리킬 때도 쓰입니다.

☺ 녹청

동과 순수한 구리는 오늘날 폭넓게 이용되고 있죠. 구리로 된 커피포트나 프라이팬, 구리선, 청동 조각상, 손잡이, 석쇠가 하나쯤은 여러분 집에도 있을 겁니다. 그렇지 않다면 창문 밖을 내다보세요. 대부분의 상징물, 조형물, 사원의 돔(반구형 지붕), 심지어 어떤 집은 지붕까지도 청동으로 이루어져 있으니까요.

지붕이 초록색을 띠는 것을 보고 청동이 초록색이라고 생각하는 사람도 있겠죠. 구리 표면에 생기는 초록색 막을 녹청이라고 해요. 철에 녹이 슨 것과 마찬가지로 구리에 생긴 부식의 산물이라고 보면 될 겁니다.

녹청을 '시간이 남긴 그윽한 고색', 오랜 세월의 흔적이라고 낭만적으로 바라보는 견해도 있어요. 하지만 복원 전문가들은 금속이 더는 망가

지지 않도록 보호하는 고밀도의 '비활성' 녹청과, 스펀지처럼 습기를 흡

수하는 헐겁고 '거친' 녹청을 구별

하죠. 거친 녹청은 구리의 상태를

더 악화시킵니다. 오늘날 과학자

들은 청동을 '비활성' 녹청으로만

덮는 방법을 찾는 중이에요.

✿ 파란색 피

구리는 두족류인 문어, 오징

어, 갑오징어의 핏속에서 산소를

실어 나르는 단백질인 헤모시아

닌(혈색소)을 이루는 성분입니다.

황산구리 같은 구리염 용액과

마찬가지로 두족류의 피가 파란

색을 띠는 것도 바로 이 때문이

죠. 정원사들은 황산구리를 기

생 곰팡이와 진드기, 진딧물 같

은 해충에 대한 치료제로 이용

한답니다.

💚 생활 속의 구리

구리로만 만든 장신구를 착용하는 것은 좋지 않아요. 구리가 땀 속의 산(땀을 핥아보면 신맛이 납니다)과 반응을 일으켜 피부를 초록색으로 물들이기 때문이죠. '야만인'이 아니라면 그런 모습을 누가 좋아하겠어요?

극소량이지만 구리는 우리 몸에 꼭 필요한 원소입니다. 구리가 없다면 뼈도, 인대도, 힘줄도 약해지고, 혈액을 만드는 조혈 작용에도 문제가 생기며, 머리카락도 회색을 띨 거예요. 흑갈색 색소를 합성하려면 구리가 필요하니까요.

하지만 하루에 3㎎이 넘는 구리를 섭취하면 간이 망가져요. 구리가 부족하지 않을지는 걱정하지 않아도 됩니다. 해산물, 견과류, 시리얼에도 구리가 들어 있으니까요.

황산구리의 색깔 변화

구리염 용액이 파란색을 띠는 이유는 물 분자에 둘러싸인 구리 이온이 파란

색을 띠기 때문이에요. 황산구리 결정에도 물이 남아 있어서 파란색을 띱니

다. 하지만 황산구리를 가열하면 물이 전부 증발하면서 흰색으로 바뀔 거예

요. 흰 황산구리를 뚜껑을 덮지 않은 채 두면 공기 중의 수증기를 흡수해 점차

파란색으로 되돌아올 겁니다.

 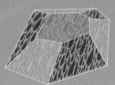

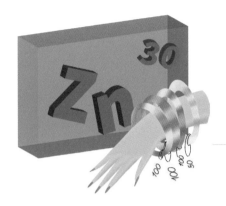

아연
ZINC

회색 갑옷

아연은 2개의 바깥 전자를 쉽게 내주는 금속으로, 물하고도 쉽게 반응합니다. 좀 더 정확히 말하자면, 공기 중에서 얇고 강한 산화막으로 덮여 있지 않다면 반응을 보일 겁니다. 이런 막 덕분에 알루미늄과 마찬가지로 아연도 부식에 강한 모습을 보이죠.

황금빛 구리

아름다운 황금빛을 띤 금속을 어디선가 본다면 대개는 금이 아니라 아연과 구리의 합금인 황동일 가능성이 커요. 로마인들은 황동을 '황금의 동'을 의미하는 아우리칼쿰auričhalcum이라고 불렀답니다. 나중에는 사기꾼들이 황동을 값비싼 금으로 속이는 일이 빈번했어요.

하지만 그런 속임수는 정말 아무것도 모르는 얼간이에게나 통했죠. 실제로 황동과 금을 구별하는 일은 어렵지 않아요(255쪽 참조). 황동은 값싼 장신구는 물론 기계식 시계에서도 볼 수 있죠. 톱니바퀴와 태엽까지도 이런 합금으로 만드는 경우가 많으니까요.

아연 산화물의 역할

표면의 산화막 때문에 칙칙해 보이는 아연은 볼품은 별로 없어요. 하지만 아연의 '임무'는 장식이 아니라 보호하는 측면에 있어요! 철과 강철 제품에 아연막을 입히면 부식에 강해집니다. 자외선 차단 크림의 아연 산화물은 우리 피부가 자외선 흡수로 인해 화상을 입지 않도록 보호해 주는 역할을 하죠. 같은 목적으로 플라스틱에도 아연을 첨가해 제품이 빛에 손상되지 않게 보호해 줍니다.

약용 크림 성분 중 아연 산화물은 염증을 막아줍니다. 아연 산화물은 자동차 타이어에도 첨가돼 마모 방지 성능을 높이는 데 한몫을 하고, 유리창에도 들어가 지나치게 밝은 햇빛으로부터 보호해 줍니다.

그뿐만이 아니에요. 아연은 땀 냄새 제거를 위한 탈취제로도 이용되고, 징크피리치온*zinc pyrithione*이라는 성분이 비듬 치료를 위해 샴푸에 첨가되기도 하죠. 아연 산화물의 치료 효과는 한마디로 세균을 없애준다는 겁니다.

스타필로코쿠스 호미니스*   땀 분자   싸이올**

탈취제를 사용하면 문제없어요. 갓 흘린 땀은 그렇게 불쾌한 냄새가 나지 않죠. 냄새는 땀에서 증식하는 세균에 의해 발생하는 거랍니다. 세균이 없다면 냄새도 나지 않을 거예요.

💚 하루 세 끼 밥상에 올라오는 아연

아침 식사로 우리가 대개 아연을 먹는다는 걸 알고 있었나요? 시리얼에 아연 화합물을 첨가하면 제품이 우유에 빨리 젖지 않게 돼요. 적은 양

---

* 스타필로코쿠스 호미니스: 사람 피부에 흔히 존재하는 공생 세균으로, 주로 땀이 많이 나는 부위에 서식한다.
** 싸이올(메르캅탄): 알코올과 페놀의 산소 원자 대신에 황 원자가 치환되어 있는 유기 화합물. 스컹크나 다진 양파 냄새가 난다.

의 아연은 안전할 뿐만 아니라 건강을 위해 필요하다는 사실은 놀랄 만한 일이 아니에요. 아연도 일종의 효소이고 어떤 호르몬의 합성에는 아연이 꼭 필요하답니다.

그러면 시리얼을 좋아하지 않는 사람은 어디서 아연을 섭취할까요? 대부분의 아연은 호박씨와 코코아 가루, 굴에서 얻을 수 있어요. 하지만 그 밖의 식품에도 아연은 충분히 들어 있죠. 물론 다른 원소와 마찬가지로 지나친 아연 섭취는 위험하지만, 초콜릿을 많이 먹는다는 것만으로 해가 되지 않아요. 아침, 점심, 저녁, 세 끼 모두 굴을 먹는 사람도 걱정할 필요는 없을 겁니다.

호박씨가 없으면 굴을 먹으면 되지!*
마리 앙투아네트

---

* 호박씨가 없으면 굴을 먹으면 되지: 루소의 『고백록』에는 이름을 밝히지 않은 어느 공주가 굶주린 백성들을 보고 '빵이 없으면 과자를 먹으면 되지'라는 말을 했다고 적혀 있고, 그 공주가 프랑스 혁명 당시 처형된 마리 앙투아네트라는 설도 있으나 증거는 없다.

😊 섬아연석

가장 널리 알려진 아연 광물은 섬아
연석sphalerite 또는 섬아연광zinc blende
입니다. 그런 이름이 붙여진 이유는
종종 황화납lead sulfide(265쪽에서 살펴볼
테지만, 납은 오랜 옛날 매우 중요한 금속이었
어요) 같은 다른 광물과 혼동을 일으켰
기 때문이에요. 섬아연석 결정은 무
척 아름다워서 루비를 비롯한 값비싼
보석으로 착각하기도 합니다. 하지만
루비와 달리 섬아연석은 부서지기 쉽
고 무르고 불안정해요. 그래서 섬아연석으로는 보석을 만드는 일이 거
의 없죠.

섬아연석 광물

갈륨
GALLIUM

🙂 프랑스는 갈륨과 무슨 관계가 있을까요?

갈륨은 드미트리 이바노비치 멘델레예프가 그 존재를 가장 먼저 예측했다가 그 이후에 자연에서 발견된 원소 가운데 하나예요. 1871년에 멘델레예프가 그 존재를 예측한 뒤로 1875년에 발견됐답니다! 정확히 멘델레예프가 권했던 방식, 즉 분광기(24쪽 참조)로 말이죠.

갈륨을 발견한 이는 프랑스의 화학자 르코크 드 부아보드랑Lecoq de Boisbaudran이고, 그의 조국인 프랑스를 기리는 의미에서 갈륨gallium이란 이름이 붙었어요. 갈리아 지방*은 고대 로마 시대에 골Gaul로 불렸답니다. 잘못 전해진 라틴어지만 프랑스인들은 자신들을 용감한 갈리아인의 후손이라고 생각하고 있죠.

---

* 갈리아 지방: 현재의 프랑스, 벨기에, 네덜란드, 룩셈부르크, 독일 서부, 스위스 일대를 포함하는 지역.

💟 수은의 대체품

갈륨은 안전한 금속 중에서는 가장 잘 용해되고, 용해되는 금속 중에서는 가장 안전합니다(수은, 세슘, 프랑슘 작업은 위험하지만, 이들 원소의 녹는점은 더 낮죠). 갈륨은 섭씨 30도에서도 녹아요. 말하자면, 손에 들고만 있어도 녹는다고 볼 수 있죠. 아니면 여러분 팔 밑에 놓아 보세요. 오늘날 의료용 체온계는 독성을 가진 수은 대신 갈륨을 바탕으로 한 합금을 이용합니다. 설령 체온계가 깨지더라도 큰일은 아니니까요!

게르마늄
GERMANIUM

 준금속

앞서 우리는 '준금속'에 대해 살펴봤어요.
게르마늄 역시 준금속에 해당합니다. 금속
처럼 아름답게 빛나지만, 전기 전도는 잘 안
되는 반도체예요. 화학 반응에서 게르마늄
은 금속처럼 작용하기도 하고 비금속처럼 작용하기도 합니다.

게르마늄의 쓰임새

반도체 특성 덕분에 게르마늄은 전자 기기에서 폭넓게 이용됩니다. 하
지만 수많은 반도체 중에서 게르마늄만이 가진 고유한 성질이 하나 있어
요. 바로 적외선을 통과시킨다는 겁니다. 야간 투시 장치에 필요한 렌즈
는 게르마늄으로 만들죠. 단, 이러한 용도로 사용되기 위해서는 극도로
높은 순도로 정제되어야 합니다. 불순물이 조금만 섞여도 게르마늄은 일
반적인 '쇳조각'일 뿐이죠. 게르마늄 화합물은 DVD, 광섬유, 은 장신구
의 합금에도 이용됩니다.

비소
ARSENIC

치아 신경 제거

최근까지도 치과에서는 비소 화합물을 이용해 치료가 이루어졌어요. 치아 신경을 제거해야 할 경우, 거기에 구멍을 뚫고 비소 화합물을 넣으면 며칠 내로 신경 세포가 죽었죠.

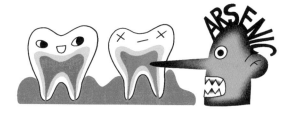

이제는 신경의 잔여 부분을 통증 없이 제거할 수 있게 되었습니다(의사가 아직 살아 있는 신경을 제거하려 했다면 환자가 어떤 고통을 느꼈을지 상상해 보세요). 이후 치아의 신경관을 치과용 시멘트로 채워 넣으면, 비록 치아가 죽었더라도 일정 기간 동안은 사용할 수 있습니다. 오늘날에는 국소 마취

하에 신경을 바로 제거할 수 있습니다.

쥐약

비소의 러시아 이름은 설치류를 죽이는 데 이용되던 '쥐약'이라는 단어에서 비롯되었답니다. 오늘날 비소는 박물관 소장품의 곰팡이와 해충을 없애는 데 이용되고 있어요. 박제된 동물에 비소 화합물을 집어넣어 좀이나 피부 진드기를 비롯한 해충의 피해를 막습니다.

비소는 나폴레옹 보나파르트Napoleon Bonaparte의 죽음 원인으로 지목되었습니다. 그의 머리카락에서 높은 농도의 비소가 발견되었기 때문이죠. 그러나 대부분의 학자들은 그가 암으로 사망했다고 보고 있습니다. 나폴레옹을 숭배하던 한 팬이 그의 머리카락을 보존하기 위해 비소 제제를 뿌린 것일 수 있습니다. 마치 박물관에 전시된 동물 모형처럼요.

☺ 이집트인의 그림

  웅황(황화비소)으로 알려진 광물은 자연에서 흔히 찾아볼 수 있어요. 이 광물은 과거에 벽지를 물들이는 데 사용되었고, 더 오래 전에는 고대 이집트인의 무덤 벽을 칠하는 데 이용되던 아름다운 황금빛의 노란색 염료였어요. 웅황은 오늘날에도 사용되고 있지만 모든 비소 화합물에는 독성이 있다는 사실을 잊어서는 안 됩니다.

웅황 As_2S_3

☺ 독극물의 오명을 씻다

  오래전 비소는 쥐나 정치적 경쟁자를 없애는 데만 이용됐어요. 그러나 게르마늄과 마찬가지로 반금속에 속하는 비소는 오늘날 과학 기술에도 이용되고 있죠. 비소와 갈륨 화합물인 갈륨비소는 반도체 장비에 널리 이용되고 있습니다.

셀레늄
SELENIUM

셀레늄과 황

셀레늄은 검은색, 회색, 붉은색을 띠는 부서지기 쉬운 비금속이에요. 성질로 보자면 황과 다소 비슷합니다. 둘 중 한 원소(셀레늄)가 다른 원소(황) 밑에 자리 잡은 것을 보면 그리 놀랄 일도 아니죠. 141쪽에서 살펴본 것처럼 주기율표에서 같은 세로줄에 있는 원소들은 비슷한 경우가 흔하니까요.

누가 별을 칠했을까?

셀레늄과 셀레늄염은 또 다른 역할을 합니다. 함량에 따라 유리의 색

193

을 없애거나 루비처럼 붉은 색으로 변하게 만듭니다. 모스크바 크렘린 궁전의 망루 꼭대기에 달린 별이 짙은 루비색을 띠는 것도 셀레늄 덕분 이죠.

 ## 마늘의 이로움

　마늘은 게르마늄과 셀레늄을 선택적으로 모으는 성질이 있습니다. 1kg 의 마늘에는 4~5㎍(마이크로그램)의 게르마늄과 500㎍ 이상의 셀레늄이 들어 있을 수 있어요. 마늘이 이들 원 소를 필요로 하는 이유는 아직 밝혀지지 않았어요. 하지만 게르마늄과 셀레늄이 사람에게 정말 쓸모가 많다면 마늘 역시 그렇겠죠!

 ## 흥분하지 마세요!

　극소량의 셀레늄은 우리 몸에 필요 하지만, 지나친 양은 독이 되기도 합 니다. 셀레늄은 암, 피부병, 대사 질환 을 치료하는 데 이용됩니다.

브로민
BROMINE

내 이름은 악취

　브로민은 평상시에는 액체 상태로 존재하는 유일한 비금속이에요. 다른 비금속은 기체나 고체 상태로 존재하죠. 브로민은 고약한 냄새를 풍겨요! 브로민이라는 이름이 '악취'를 뜻하는 그리스어 'bromos'에서 나온 것은 결코 우연이 아닙니다.

♥ 진정제

브로민을 발견한 직후, 과학자들은 그 화합물인 브롬화물에 진정 효과가 있다는 사실을 알아내고 이를 이용해 신경 흥분 증세와 간질을 치료하기 시작했습니다. 심지어 기침약에도 브롬화물이 들어갔어요. 브롬화물은 쉴 새 없이 기침이 나오게 하는 신경 중추를 진정시키는 효과가 있죠.

주의! 브롬화물은 체내에 축적될 수 있어서 많은 양을 복용하면 위험해요! 이런 약은 정확히 의사의 처방에 따라 조심해서 복용해야 합니다.

🤖 브롬화물의 쓰임새

디지털카메라가 등장하기 전에는 은색의 브롬화물이 카메라의 주요 감광 물질이었어요. 빛을 받은 브롬화물은 붕괴하고, 미세한 은색 입자가 필름이나 사진 인화지에 검은 점을 만들어 내면서 가라앉는 거죠. 빛이 닿지 않는 곳에는 브롬화물이 그대로 남아 광점(빛으로 된 점)이 생깁니다.

오늘날 브로민은 주로 할로겐램프에 이용됩니다. 텅스텐으로 된 필라멘트(107쪽 참조)가 산화되지 않도록 대개 전구는 비활성 기체로 채워져 있어요. 여기서 적극적인 브로민은 즉각적으로 텅스텐과 결합하기 시작합니다! 맞아요. 화학 반응으로 브롬화물이 만들어졌다가 온도가 높아지면 다시 브로민과 텅스텐으로 분해되고 맙니다. 램프에서 온도가 가장 높은 곳은 뜨겁게 달아오른 철사예요. 바로 거기서 브롬화물은 새로운 텅스텐층을 뿜어내 철사를 원상태로 되돌립니다. 더욱이 철사에 갑자기 얇은 브리지 회로가 형성되면 그곳은 열을 가장 많이 받는 지점이 됩니다. 보통 램프에서는 순식간에 텅스텐이 증발하면서 전구가 타버리고 말죠.

그런데 할로겐램프의 경우, 브롬화물이 두 배의 에너지를 가지고 가장 뜨거운 부분에서 텅스텐을 증착시키며, 철사의 두께를 늘리면서 '복원'합니다. 그래서 할로겐램프는 더 밝게 빛나면서도 수명은 긴 거예요.

🌸 자주색 염료

뿔고둥 같은 몇몇 생물은 브로민을 수집해 그것으로 염료를 만들어 냅니다. 오랜 옛날에는 아름다우면서도 값비싼 자주색 염료를 연체동물로부터 얻어 황제의 옷을 염색하는 데 이용했답니다.

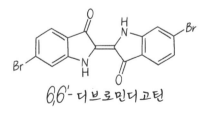

6,6'- 디브로민디고틴

 브로민을 조심하세요

브로민은 염소의 동족인 할
로젠 원소입니다. 브로민은 약
한 편이지만 그 증기는 폐를
부식시키기도 하죠. 피부에 브
로민을 쏟으면 화끈거림이 오래 갈 거예요. 브로민이 염소와 마찬가지로
화학 무기 제조에 이용된 것도 그리 놀라운 일은 아닙니다.

 브로민 증기에 노출되었다면
브로민이 물과 접촉했을 때 매우
강한 산(염산보다도 강합니다)을 만
들어 낸다는 사실을 기억해야 해
요. 이는 결국 약알칼리로 중화시켜야 한다는 의미가 됩니다.

브로민 증기에 노출되면 즉시 신선한 공기를 쐬고 암모니아 증기를 들
이마셔야 합니다. 브로민이 피
부에 닿았다면 우선 물로 씻어
낸 다음 소다 용액으로 헹궈내
야 해요.

루비듐,
세슘, 프랑슘
RUBIDIUM, CAESIUM, FRANCIUM

이들 원소는 닮은 구석이 아주 많아요. 모두 리튬, 나트륨, 칼륨의 형제인 알칼리 금속입니다. 칼로 쉽게 자를 수 있을 정도로 무르고, 매우 활발하며, 순수한 형태로는 자연에서 찾아보기 힘들죠.

세슘은 회색을 띠지 않는 몇 안 되는 금속(252쪽 참조) 가운데 하나예요. 사실 세슘의 아름다운 황금빛을 보기란 거의 불가능합니다. 공기와 접촉하자마자 불이 붙기 때문이죠. 루비듐과 세슘은 각각 39.3℃와 28.4℃에서 녹아요. 다시 말해, 심한 독감이나 말라리아에 걸린 사람이 루비듐과 세슘이 담긴 시험관을 손에 쥐고 있다면 바로 녹여버릴 수 있다는 얘기입니다.

☺ 불꽃 금속

　루비듐과 세슘은 헬륨(24쪽 참조) 같은 선 스펙트럼의 색깔에 의한 분광 분석을 통해 발견되었어요. 이런 방식으로 발견한 최초의 원소들이기 때문에 원소가 내는 빛의 색깔에 의해 이름이 붙여졌답니다. 루비듐은 루비 같은 붉은색 선을 만들고, 세슘은 하늘색 선을 만들죠(라틴어로 'caesius'는 하늘색을 뜻합니다). 루비듐염과 세슘염을 불속에 던지면 각각 붉은색과 파란색 불꽃이 나타날 거예요.

🤖 광전지

　세슘은 밝은 빛에도 '맥을 못 출 정도로' 쉽게 전자 하나를 내어줍니다. 덕분에 세슘 합금은 광전지를 비롯한 다양한 장치의 재료로 이용되죠. 진공실에서는 하나의 전극이 세슘 합금으로 만들어집니다. 어둠 속에서 세슘은 어떻게든 전자를 붙들고 있고, 전류는 흐르지 않아요. 그러나 빛을 받자마자 세슘이 전자를 떨쳐내면서 전류가 흐르게 됩니다. 필요에 따라 장치를 켰다 껐다 할 수 있답니다.

☺ 눈에 띄지 않는 프랑슘

드미트리 멘델레예프는 세슘과 비슷한 원소의 존재를 예측했습니다. 사람들은 바다 소금, 재, 방사성 원소가 붕괴하고 남은 물질 등에서 찾아내려고 했지만 어디서도 찾을 수 없었어요! 그도 그럴 것이 프랑슘은 방사성 원소라서 몇 분 만에 붕괴하고 마니까요.

프랑슘은 프랑스의 여성 과학자 마르게리트 페레Marguerite Perey(1909~1975)에 의해 발견되었고, 그녀의 조국을 기념해 원소 이름이 정해졌답니다.

스트론튬, 바륨
STRONTIUM, BARIUM

알칼리 토금속

스트론튬과 바륨은 칼슘과 마찬가지로 알칼리 토금속에 들어가요. 이들 원소도 2개의 바깥 전자를 쉽게 내어주고, 물과 반응하면 수산화물을 형성합니다. 이런 수산화물은 약알칼리성 환경을 만듭니다.

칼슘의 형제

스트론튬이 매우 위험한 원소라는 이야기는 여기저기서 들었을 겁니다. 그런데 그 화합물은 뼈의 복원과 치료를 위해 처방되기도 합니다. 무엇이 진실일까요?

진실은 방사성 스트론튬만 위험하다는 겁니다. 안정적인 스트론튬 동위 원소는 무척 유용하죠. 따지고 보면, 스트론튬은 칼슘과 가장 가까운 '친척뻘'이고 뼈와 치아에 쉽게 자리를 잡는다는 점에서 칼슘과 화학적 성질이 매우 비슷합니다. 게다가 일단 뼈에 흡수된 스트론튬은 쉽게 빠져

나오지 않아요. 덕분에 뼈는 단단해지고(일부 질환에서는 칼슘이 빠져나가 뼈가 약해지기도 합니다) 혈액 내 칼슘 농도가 과도해지는 문제도 피할 수

있어 건강에 해롭지 않습니다. 심지어 스트론튬이 혈액에 '떠다니는' 동안에도 칼슘이 가진 부작용은 나타나지 않습니다. 스트론튬 원자가 훨씬 커서 신경 세포막에 있는 칼슘 통로를 통과하지 못하니까요.

일반적으로 이들 두 화학적 '형제'는 끊임없이 상대의 자리를 넘봅니다. 예전에 스트론튬은 설탕 생산에 이용된 적도 있습니다. 그러다 스트론튬보다 저렴하면서도 손쉽게 얻을 수 있는 칼슘을 같은 목적에 이용할 수 있다는 사실이 밝혀졌지요. 불꽃놀이에서도 둘은 서로 경쟁합니다. 두 원소의 염은 다양한 붉은색으로 나타나지만, 그래도 스트론튬이 더 밝답니다.

♥ 바륨을 마시자

바륨 화합물에는 독성이 있지만, 위장계 엑스레이 촬영에 널리 이용되

고 있습니다. 환자에게는 황산바륨이 들어간 '바륨죽'이 제공되죠. 황산바륨은 물이나 위장의 염산에는 거의 녹지 않아요. 다시 말해, 우리 몸에 해롭지 않죠. 그러면서도 바륨은 엑스선을 통과하지 못하게 잘 붙들고 있어요. 덕분에 우리는 장의 굴곡과 융모를 손바닥 들여다보듯 샅샅이 들여다볼 수 있답니다!

예전에 레고 제조업자들은 아이들이 삼킨 레고 조각이 엑스레이에 잘 나타날 수 있도록 정확한 용량의 황산바륨을 레고 세트에 넣으려고 했어요. 하지만 레고 조각이 쉽게 부서졌기 때문에 이 실험은 완전한 성공을 거두지는 못했습니다.

😊 아름다운 스트론튬

불꽃놀이에서 스트론튬염은 아름다운 붉은색을 보여줍니다. 바륨염은 초록색으로 나타나고요. 스트론튬염은 광택제와 유약에도 첨가돼 아름다운 광택과 견고함, 내열성을 더해줄 뿐만 아니라 다양한 장식 효과까지 만들어 냅니다.

스트론튬은 왜 위험할까?

자연에는 안정적인 4개
의 스트론튬 동위 원소가 존
재합니다. 이미 밝혀진 대
로 이들 원소는 위험하지 않아요. 하지만 방사성 스트론튬-90은 상상을
초월할 만큼 위험합니다. 결국 칼슘과 얼마나 비슷한지가 관건이죠.

방사성 스트론튬은 원자
로에서 형성되며 사고가 나
면 주변 환경으로 스며듭니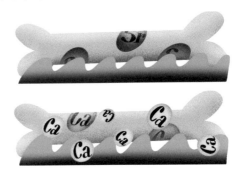
다. 우리 몸에 들어가면 뼈
에 틀어박혀 오랫동안 자리
를 잡을 수 있어요. 하지만
칼슘과 달리 스트론튬은 쉽게 씻겨 없어지지 않아요.

이런 스트론튬 동위 원소의 반감기는
대략 29년입니다. 그만큼 오래 우리 몸속
에 남아 있을 수밖에 없어요. 그동안 골수
바로 옆에 있는 뼈 내부에 방사능의 근원
이 존재하는 거나 다름없겠죠!

이트륨,
지르코늄,
나이오븀,
몰리브데넘

YTTRIUM, ZIRCONIUM,
NIOBIUM, MOLYBDENUM

☺ 또 다른 승리

이트륨은 멘델레예프가 제시한 주기율표의 정확성을 보여주는 또 다른 사례입니다. 화학자들은 이트륨이 산화물 YO를 형성한다고 믿었고, 멘델레예프는 주기율표를 바탕으로 정확한 식 Y_2O_3를 계산해 냈어요.

☺ 몰리브데넘

중요한 미량 원소로 꼽히는 몰리브데넘은 세균과 식물이 질산염을 암모늄으로 처리해 단백질을 합성하도록 도와줍니다. 식물에 질산염(83쪽 참조)이 쌓이는 것을 막으려면 토양에 몰리브데넘이 부족하지 않도록 주의해야 합니다.

그러나 몰리브데넘이 지나치게 많아도 우리는 통풍이라는 심각한 질병에 걸릴 수 있어요. 따라서 다른 미량 원소처럼 식물에 몰리브데넘 공급을 중단하는 시점을 알아둘 필요가 있습니다.

통풍

고대 신화에서 우주로

오랫동안 나이오븀은 탄탈럼과 구분이 되지 않았어요. 마침내 둘을 구분하게 됐을 때, 고대 그리스 신화에 나오는 탄탈루스Tantalus의 딸인 니오베Niobe의 이름을 따서 나이오븀niobium이라고 붙여졌죠.

이 원소는 전혀 예상치 못한 산업 분야에도 이용되고 있어요. 나이오븀과 티타늄 합금은 MRI 장비에 이용됩니다. 산화나이오븀의 얇은 층은 금속에 멋진 색상 효과를 주며, 이는 보석상들에 의해 활용됩니다. 나이오븀으로 기념주화를 만드는 나라도 있어요. 또 강철을 추가해 우주 로켓의 분사구를 만드는 데 이용하기도 합니다.

👀 피아나이트

보석을 좋아한다면 큐빅 지르코니아cubic zirconia에 대해 잘 알고 있을 거예요. 하지만 그런 '돌'은 자연에는 존재하지 않고 인공적으로 합성해서 만들어졌다는 사실을 알고 있나요?

큐빅 지르코니아는 과학아카데미 물리학 연구소FIAN*에서 최초로 개발됐고, 연구소 이름을 따서 광석의 이름이 피아나이트Fianite로 정해졌어요. 큐빅 지르코니아는 다이아몬드를 대신하는 저렴한 대용품으로 이용되고 있죠.

큐빅 지르코니아 → 지르코나이트 → 지르콘 혹은 지르코늄

---

* 과학아카데미 물리학 연구소: 러시아 과학아카데미 산하 기관으로 레베데프 연구소로도 알려져 있다. 러시아에서 과학아카데미 물리학 연구소는 보통 약어인 'FIAN'으로 불린다.

하지만 화학적인 관점에서 보자면, 이
는 산화지르코늄에 해당합니다. 서양에
서는 큐빅 지르코니아를 '지르코나이트
zirconite'로 부르고 간단히 줄여 'CZ'로 나
타내는 경우가 많아요. 러시아의 판매상
들은 이런 약어를 '지르콘zircon' 혹은 '지

르코늄zirconium'으로 옮겨 표기했어요. 그러나 지르콘은 노란색을 띤 규
산 지르코늄이고, 지르코늄은 은회색을 띤 금속이에요. 큐빅 지르코니아
는 레이저, 액세서리, 심지어 치과 진료에도 이용됩니다.

이트륨 화합물

이트륨 화합물은 과학 기술에서 가장 흔한 물질은 아니지만, 정말 엄청
난 성질을 갖고 있답니다. 이트륨 크로마이트($YCrO_3$)는 고온의 난방기를
만드는 합성물의 기초가 됩니다.

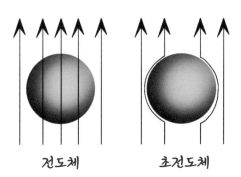

전도체　　　　초전도체

이트륨 알루미늄 가닛(인공적으로 자란 결정)으로 만든 도자기는 발광하는 성질이 있습니다. 자외선에 의해 발광을 하고 오늘날에는 조명 장치에도 이용되고 있죠. 이트륨 산화물을 기반으로 한 물질인 '이트랄록스 ittralox'는 눈에 보이는 방사선은 물론 적외선까지도 통과시킵니다. 게다가 내열성도 있어서 금속공학자들은 철을 비롯한 다른 금속이 녹는 것을 관찰할 수 있도록 이것을 이용해 특수 '유리'를 만들기도 하죠.

일정한 조건에서 이트륨, 구리, 산화바륨을 이용해 만든 도자기는 초전도체의 성질을 보입니다. 다시 말해, 손실 없이 전류를 완벽하게 전달한답니다!

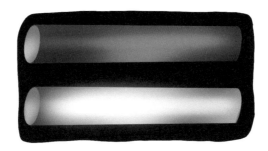

YAG(yttrium-aluminum garnet, 이트륨 알루미늄 가닛)의 발광

☺ 멘델레예프의 예측

알려진 것처럼, 드미트리 멘델레예프는 1869년부터 1871년까지 주기율표를 작성하는 동안 빈칸을 남겨두었습니다. 그는 과학적으로 아직 알려지지 않은 원소들이 주기율표에 들어가야 한다고 예측했어요. 그 가운데 일부는 실제로 몇 년 뒤에 발견되었고, 멘델레예프가 예측했던 것과 거의 같은 성질을 보였습니다. 갈륨(1875년 발견), 스칸듐(1879년 발견), 저마늄(1886년 발견) 같은 원소들이죠. 이들 원소의 발견으로 멘델레예프는 대성공을 거두었고 그의 예측을 의심했던 사람들을 마침내 이해시킬 수 있었습니다. 그의 예측이 옳았던 거죠!

하지만 43번째 빈칸에 들어갈 원소는 이를 얻으려는 과학자들의 손에 쥐어지지 않았습니다. 천연 광물 어디서도 비슷한 원소는 나오지 않았어요. 1937년, 인공적이고 기술적인 방법으로 유일하게 얻은 원소가 있었고, 이 때문에 테크네튬이라는 이름이 붙었죠. 그와 동시에 그것을 지구 지각에서 찾을 수 없었던 분명한 이유가 밝혀졌습니다. 방사성 원소인 테크네튬이 이미 오래전 자연 붕괴했기 때문이죠.

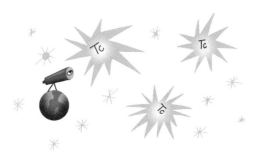

💗 항암제로 쓰이는 테크네튬

테크네튬 화합물 중에는 인체의 특정 기관이 선택적으로 흡수하는 것도 있답니다. 그런 약을 환자에게 극소량만 투입해도 해당 기관을 엑스선 단층 사진에 '밝게 드러내거나' 건강한 세포를 거의 건드리지 않고 암세포를 선택적으로 죽일 수 있죠.

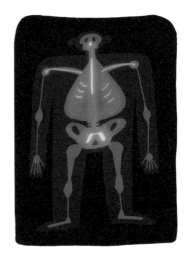

🤖 방사능 강철

강철에 테크네튬을 추가하면 부식을 막을 수 있어요. 물론 방사성 강철로 수저나 젓가락을 만드는 사람은 없을 거예요. 하지만 그것을 원자로에 쓴다면, 문제될 게 있을까요?

☁ 테크네튬은 존재한다!

그럼에도 불구하고 테크네튬은 자연 발생합니다. 이후 그것은 멀리 떨어진 별들의 스펙트럼에서 발견되었고, 미세한 양으로는 우라늄 광석에서도 발견되었습니다.

루테늄,
로듐, 팔라듐

RUTHENIUM,
RHODIUM, PALLADIUM

비활성 3인방

이들 세 원소는 모두 백금족에 속한 비활성 금속입니다. 매우 높은 온도에서 녹고 화학적으로도 매우 안정적이라는 점에서 '비활성'이라 할 수 있어요. 물과 반응하지 않고 강한 산이나 고온의 산에서만 녹죠.

루테늄은 산소 없이 진한 과염소산($HClO_4$)에서 빛을 받을 때만 녹고, 로듐은 뜨겁고 진한 황산이나 끓는 왕수에서만 녹아요. 셋 중에 '약골'인 팔라듐만 상온에서 왕수와 반응합니다.

왕수

왕수는 진한 질산과 염산을 1:3의 비율로 섞은 혼합물이에요. 금속의

'왕'인 금까지 녹이는 '위풍당당함'이 엿보입니다.

$$Au + HNO_3 + 4HCL \longrightarrow H[AuCL_4] + NO + 2H_2O$$

러시아 금속

루테늄은 러시아에서만 발견되는 천
연 원소예요. 러시아를 뜻하는 라틴어

루테니아Ruthenia에서 이름을 따왔습니다. 카잔대학교의 카를 에른스트
클라우스Karl Ernst Claus 교수에 의해 우랄 지역의 광석에서 발견되었어요.

촉매

이들 금속의 주요 업무는 촉매 역할입니다. 촉매란 소모되지 않은 채
화학 반응의 속도를 높여주는 물질이죠. 어떠한 화학적 생산도 촉매 없이
는 거의 불가능합니다. 모든 자동차에는 로듐과 팔라듐, 이들 원소의 '자
매'인 플래티넘이 들어 있는 촉매 변환 장치가 있어요.

물론 이처럼 희귀하고 값비싼 금속 덩어리를 자동차에 두는 사람은 없
습니다. 도자기 조직에 아주 얇은 비활성 금속층을 뿌려두는 거예요. 그
런 금속층은 아무리 얇더라도 부식하지 않기 때문에 오랫동안 유지될 수
있죠.

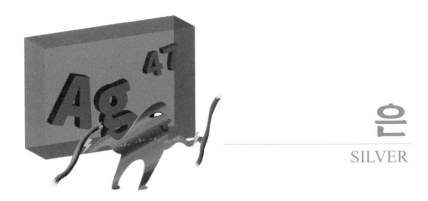

은

SILVER

🤖 일등 전도체

은은 지구상에 존재하는 어떤 금속보다 전기와 열을 더 잘 전달해요. 그래서 이론적으로 철사는 은으로만 만들어야 합니다. 하지만 은은 비싸서 대개는 값싼 구리가 은 대신 이용됩니다. 그렇지만 모든 스마트폰에는 일정량의 은이 약 0.3g가 들어 있답니다.

'멜키오르(Melchior)' 단어의 기원

👀 가난한 사람들을 위한 은

오랫동안 은은 주로 식기류를 만드는 데 사용되었습니다. 사람들은 은에 신비로운 효능이 있다고 믿었고, 그 자체로 매우 아름다웠기 때문에 많은 이들이 선호했죠. 하지만 채굴량이 한정되어 있어서 값비쌌고, 그래서 등장한 것이 백동과 양은입니다. 구리와 니켈을 넣어 만든 이들 합금은 겉보기에는 은과 비슷하지만 훨씬 저렴하죠.

카멜레온 렌즈

'카멜레온 렌즈'나 '변색 렌즈'에 대해 들어본 적이 있을 겁니다. 은은 이런 렌즈에도 들어갑니다. 은은 어두운 곳에서는 할로겐족 원소(141쪽 참조)와 결합해 투명한 염(소금)을 형성하죠. 자외선의 영향을 받아 밝은 빛을 받으면 금속성의 은 입자로 분해됩니다. 그러면 렌즈가 짙은 색을 띠면서 지나치게 밝은 빛으로부터 눈을 보호해 주죠. 예전의 흑백 사진 역시 은염의 분해 과정을 거쳐 인화가 이루어졌어요.

기타줄

가수 V. S. 비소츠키Vysotsky는 다음과 같은 가사를 썼어요.

기타는 또다시
적막 속에 묻히길 원치 않아
달밤에 노래한다네
내 어린 시절처럼
일곱 개의 은줄로…!

이 가사는 단순히 시적인 은유로 볼 수 없어요. 실제로 기타줄은 나일론을 꼬아 만들어 은 합금으로 도금하는데, 간혹 순수한 은으로 만들 때도 있답니다.

귀고리 세척법

은은 공기 중에서 산소와는 반응하지 않지만, 황화수소와 반응해 거무스름해지고 그 위로 진회색을 띤 황화은 막이 형성됩니다. 황화합물은 공기 중에도 있고 우리가 흘리는 땀에도 있어서 은으로 된 장신구가 누렇거나 거무스름해지고, 은에 구리가 첨가됐을 경우 시간이 지나면 녹색을 띠기도 합니다.

그렇다고 걱정하지는 마세

요. 구급상자에 있는 암모니아 용액이나 은박지를 두른 용기에 베이킹 소다 용액을 풀어 쉽게 지울 수 있으니까요.

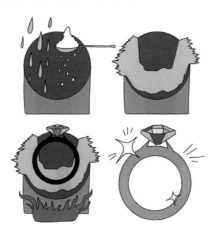

🫀 광고 주의!

우리는 은이 지닌 의학적 효능에 대해 여기저기서 듣게 됩니다. 안타깝게도, 그런 이야기는 대개 광고주들의 능숙한 술수에 불과합니다. 결국은 납, 수은과 마찬가지로 은도 중금속이며, 마시는 물에는 리터당 0.05 ㎎ 이상 함유되면 안 된다는 사실을 잊어서는 안 돼요. 따라서 은으로 된 조제약을 남용해서는 안 됩니다.

과학적으로 확인된 사실에 따르면, 은 이온은 세균을 죽이는 역할을 합니다. 이런 이유로 은은 콧물을 치료하고(프로타르골) 세균 감염 때문에 생긴 사마귀를 제거하는 데 이용되죠. 또 식품 첨가물인 E174(이 코드는 가장 흔한 은을 숨기고 있어요)는 제품에 은빛을 내는 데 이용됩니다.

☠ 은수저의 색이 변하는 이유는

독버섯이 담긴 그릇에 놓인 은수저는 독 때문에 거무스름해진다고 알려져 있어요. 하지만 사실은 그렇지 않습니다. 수저가 거무스름해지는 것은 독 때문이 아니라 단백질에 들어 있는 황과의 화학 반응 때문이에요. 단백질은 독버섯과 식용 버섯에 모두 들어 있어요.

카드뮴, 인듐
CADMIUM, INDIUM

😊 죽을 때까지 사랑하라

카드뮴은 강한 독성을 띠는 데다 우리 몸속에 오랫동안 머물러 있어요. 황화카드뮴(CdS)은 사실 물에 녹지 않아요. 카드뮴과 황은 결합하고 나면 절대로 떨어지지 않죠. '사랑'에 눈이 먼 카드뮴은 급기야 단백질 분자로부터 황 원자를 '떼어놓으면서' 단백질을 파괴합니다.

안전한 카드뮴

카드뮴은 페인트의 재료로도 널리 이용됐어요. 빈센트 반 고흐^{Vincent Van Gogh}의 그림에 나타난 노란색 붓놀림을 그토록 밝게 만들어 준 일등

공신이 카드뮴이었죠.

카드뮴염은 심지어 아동용 장난감을 칠하는 데도 이용됩니다. 그렇다고 겁먹을 필요는 없어요! 황화카드뮴은 실제로 물에 녹지 않아서 아기가 봉제 인형에 침을 흘리더라도 전혀 위험하지 않아요. 오히려 카드뮴이 들어 있는 분말 페인트에서 나오는 먼지가 건강에는 훨씬 해롭죠.

하지만 여기에도 좋은 소식이 있답니다. 요즘 페인트 색상표는 흔히 '카드뮴 레몬', '카드뮴 오렌지', '카드뮴 연노랑'이라고 나와요. 카드뮴 없는 페인트도 나온다는 거죠. 이런 경우 물감 이름 뒤에 'A'라는 글자가 붙습니다. 이건 아조 염료azo dye*, 즉 유사 카드뮴 색소를 사용했다는 표시입니다.

일상생활 속의 인듐

인듐Indium은 인도India가 아니라 남색indigo에서 나온 말이에요. 남색은 인듐의 스펙트럼선이 나타내는 색이랍니다.

인듐은 과학 기술에 이용되는 금속입니다. 인듐으로 코팅한 거울은 은

---

* 아조 염료: 색이 다양하고 만드는 방법이 간단하며 값이 싼 염료.

으로 코팅한 거울보다 빛을 잘 반사하고 쉽게 광택을 잃지 않아요. 인듐과 산화주석의 화합물은 LCD(액정디스플레이)에 이용됩니다. 핸드폰에도 소량의 인듐이 들어 있어요. 약상자에는 그보다 많은 양이 들어 있죠. 인듐은 갈륨, 주석과 함께 오늘날 수은을 대신하여 온도계에 쓰이는 갈린스탄GalInStan이라는 합금을 형성합니다. 인듐 합금으로 코팅한 베어링은 윤활유가 필요 없을 정도로 마찰력이 아주 작아요!

주석
TIN

😃 청동 만세!

주석은 아주 오랜 옛날부터 사람들에게 알려져 있었고, 고대 7대 금속 가운데 하나랍니다. 하지만 고대인들은 비슷한 겉모습과 물리적 성질 때문에 주석을 종종 납과 혼동했어요. 두 금속 모두 무르고 쉽게 녹는 특성이 있죠.

인류 문명 발전의 역사에서 주석이 차지하는 역할은 실로 거대합니다. 결국, 주석은 청동의 주요 성분이기 때문이죠. 그리고 청동은 하나의 시대를 대표하는 이름, 즉 '청동기 시대'를 탄생시켰어요. 고대 이집트, 수 메르 문명, 호메로스 시대의 그리스, 고대 중국과 인도, 이들 문명의 전성기는 무엇보다도 청동 제련 기술의 발전 덕분이었습니다.

☺ 보편적 협력자

청동기 시대는 3천 년 전에 이미 끝났지만, 청동과 순수한 주석은 오늘날에도 널리 쓰이고 있어요. 먼저, 주석은 독성

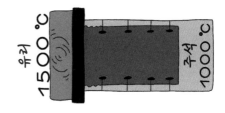

이 없고 부식되지 않아 캔 내부를 코팅하고 이음매를 막는 데 이용됩니다. 용해된 주석에 유리를 굴리면 표면이 완벽하게 매끄러워집니다. 액체 표면보다 더 매끄러운 것이 과연 있을까요? 이런 식으로 얻은 유리를 판유리(플로트 유리)라고 합니다.

주석의 중요한 가치는 합금에서 나타납니다. 납과 주석의 합금은 납땜용으로 이용되죠. 또 주석, 구리, 안티몬, 납 등의 합금으로 이를 만들어낸 이삭 배빗Isaak Babbitt의 이름을 따서 지은 배빗babbitt은 베어링에 이용됩니다. 그런 베어링에는 윤활유 붓는 것을 깜빡 잊더라도 녹는점이 낮은 주석이 강한 마찰력 때문에 액체가 될 것이고, 자연히 윤활유 역할을 할거예요. 덕분에 베어링은 완전히 망가지지 않을 겁니다.

널리 알려진 청동은 주석과 구리의 합금입니다. 사실, 첫 번째 청동은 구리와 주석이 아닌, 구리와 비소의 합금이었어요. 하지만 비소 청동은

225

단점이 많았죠. 녹을 때 유독성 비소 증기가 흘러나와 대장간을 오염시켰고 비소를 잃은 청동 역시 더는 청동이 아니었어요. 결국, 주석 청동이 비소 청동을 대신해 오랫동안 중요한 금속으로 자리매김하게 되었죠. 더 강하고, 단단하고, 잘 부식되지 않고, 순수한 구리보다 쉽게 녹으니까요.

😊 두 얼굴을 가진 주석

주석은 백색 주석(일반적인 금속)과 회색 주석의 두 가지 유형으로 나뉩니다. 회색 주석은 반도체 성질을 지닌 어두운 회색 분말처럼 보이죠. 온도가 13.2℃ 아래로 떨어지면 백색 주석은 회색으로 변하기 시작합니다. 특히 -33℃의 추위에서는 주석의 변화 속도가 최고에 이르죠. 이 경우, 주석으로 만든 모든 제품은 우리 눈앞에서 가루가 되고 맙니다.

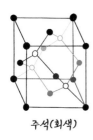

주석(회색)   주석(흰색)

이런 현상을 일컬어 '주석 페스트'라고 합니다. 금속의 이런 '병'은 고칠 수 없는 데다 전염성도 있어요! '병든' 주석 막대로 '건강한' 주석 막대를 건드리면 병이 옮습니다.

그런데 질병에 대한 치료법을 찾았다는 희소식이 있어요. 주석에 납, 안티몬, 비스무트를 추가하

면 병이 옮지 않는다고 해요. 하지만 여기에는 또 다른 문제가 있어요.

이전에 모든 전자 기기들은 '주석-납 합금'으로 납땜되었는데, 이 합금은 '전염병'에 영향을 받지 않았습니다. 하지만 최근에는 납이 독성이 있어 가능한 한 사용을 자제하려고 해요. 그렇다고 순수한 주석만으로는 해결할 수 없어요. 한번 상상해 보세요. 추운 환경에서는 주석이 가루로 변해 전자 제품이 몽땅 가루로 흩어져버렸다가, 따뜻해지면 금속 상태로 되돌아와 접촉하는 모든 것을 녹여버린다고 말이죠.

☺ 주석 페스트

주석 페스트는 로버트 스콧R. Scott이 이끈 남극 탐험대가 죽음을 맞이한 몇 가지 이유 중의 하나로 꼽힙니다. 주석으로 납땜한 연료통이 추위에 부서지면서 등유가 새어 나왔고, 대원들은 몸을 녹일 방법을 찾지 못했던 겁니다.

주석 페스트는 1812년 프랑스와 러시아 사이에 벌어진 전쟁에도 등장합니다. 물론 양쪽 모두에서요! 프랑스군의 군복에 달린 단추는 주석이

었고, 추위 속에서 여러분이 상상하는 일이 벌어지고 만 거예요. 러시아군의 찻주전자와 가마솥 역시 주석으로 얇게 덮여 있었고 곤란을 겪을 수밖에

없었죠.

그런 손실은 최근에도 있었어요. 21세기 초 상트페테르부르크의 수보로프 박물관A. V. Suvorov Museum에 소장되어 있던 주석으로 된 병정 모형의 일부가 주석 페스트로 사라지고 말았죠. 추운 겨울에 난방용 배관이 터지면서 그렇게 되고 만 거예요.

20세기 중반까지도 장난감은 주석으로만 만들어졌어요. 가령 양철 장난감 병정처럼 말이죠.

주의! 실험은 주변이 탁 트인 곳이나 환기가 잘 되는 곳에서 진행하세요.

넌 이제 내 손아귀에 있어!

석고

주형틀에 필요한 실리콘

나의 장난감 병정

양철 병정을 만들고 싶은가요? 그건 어렵지 않답니다.

나는 더 많은 장난감이 필요해!

1. 석고나 실리콘으로 틀을 만든 다음 여전히 말랑한 부분에 병정이나 그 밖의 장난감을 눌러놓습니다.

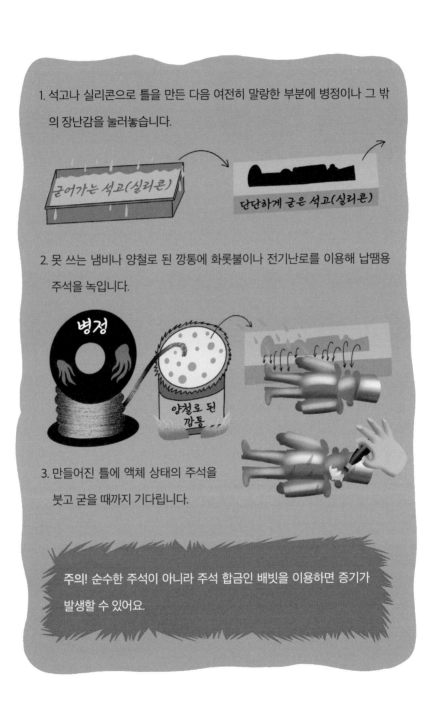

굳어가는 석고(실리콘)

단단하게 굳은 석고(실리콘)

2. 못 쓰는 냄비나 양철로 된 깡통에 화롯불이나 전기난로를 이용해 납땜용 주석을 녹입니다.

병정

양철로 된 깡통

3. 만들어진 틀에 액체 상태의 주석을 붓고 굳을 때까지 기다립니다.

주의! 순수한 주석이 아니라 주석 합금인 배빗을 이용하면 증기가 발생할 수 있어요.

안티모니,
텔루륨
ANTIMONY, TELLURIUM

☺ 반금속

안티모니와 텔루륨은 반금속 혹은 '준금속^{metalloid}'에 해당합니다. 겉보기에는 다른 금속처럼 은백색으로 반짝이지만 비금속처럼 쉽게 부서지고 열과 전기를 잘 전달하지 못하죠. 대개의 금속이 굳으면서 수축하는 것과 달리 안티모니는 약간 팽창하는 재미있는 성질을 갖고 있어요.

☺ 고대 패셔니스타의 꿈

아주 먼 옛날부터 알려진 안티모니는 다양한 이름을 갖고 있어요. 라틴어 이름인 '스티븀^{stibium}'은 고대 이집트어 'stm'에서 유래했으며, 이는 그리스어 'stimmi'를 거쳐 전해졌습니다. 이들은 모두 눈썹을 검게 칠하는 화장품을 뜻했고, 그 당시의 패션 리더들은 황화안티모니를 눈썹과 속

눈썹의 화장 재료로 사용했답니다. 'sur'ma'라는 단어는 '눈썹을 검게 한다'는 뜻을 지닌 튀르크어의 'sürme'에서 비롯됐어요.

팔방미인

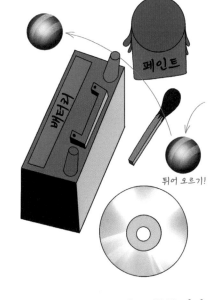

페인트

배터리

튀어 오르기!

안티모니는 어디에 쓰일까요? 납 합금에 소량만 넣어도 강도와 내마모성을 크게 높여줍니다. 이를테면, 자동차 배터리를 예로 들 수 있죠. 황화안티모니는 성냥개비 머리를 이루고 그 밖의 화합물은 물질의 내화성을 높여줍니다.

고무 산업에서 황과 유사한 텔루륨(둘은 같은 세로줄에 자리 잡고 있어 비슷한 성질을 지녔어요)은 고무를 딱딱하게 하는 경화 과정에 이용됩니다. 안티모니와 마찬가지로 납 합금의 특성을 개선해 줍니다. 또 유리 제품, DVD 코팅에도 이용되고, 마이크로전자공학(텔루륨은 훌륭한 반도체예요)에도 쓰입니다.

생명의 돌

안티모니라는 이름의 유래를 아네모네^{anemone} 꽃에서 찾는 사람들도

있는데, 광물 안티모니의 결정이
꽃과 비슷하게 생겼기 때문이랍
니다.

　체코의 작가 야로슬라프 하셰크^{Jaroslav Hasek}는 『생명의 돌^{The Stone of}
^{Life}』에서 우스꽝스러운 제안을 합니다. 새끼 돼지가 안티모니 때문에 살
이 찐다고 생각한 대수도원장이 수도사들에게 안티모니를 먹였을 것이
고, 그 결과 수도사들이 죽었다는 겁니다. 수도사^{monk}를 공격한다^{anti}는
의미로, 안티모니^{antimony}라 불리게 됐다는 거죠. 물론 이런 이야기는 어

이없지만, 더욱 재미있는 것은 이
를 심각하게 받아들이는 사람들
이 있다는 거예요. 한편, 연금술
에 빠져 있던 수도사들이 안티모
니에 중독됐다는 주장도 있어요.
그렇다면 '수도사를 공격한다'는
뜻을 지닌 이름은 상당히 일리가
있어보입니다.

☠ 안전한 독

　야로슬라프 하셰크가 확실히 옳았던 것은 안티모니에 치명적인 독성
이 있다는 겁니다. 하지만 18세기까지만 해도 안티모니는 변비약으로 이

용됐어요. 게다가 그렇게 해롭지도 않죠. 뱃속에서 안티모니가 만들어
낸 화합물은 잘 녹지 않아 몸에 거의 흡수되지 않아요.

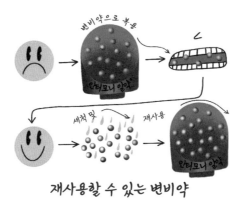

재사용할 수 있는 변비약

역시나 독성이 있는 텔루륨은 우리 몸에 들어가면 디메틸텔루르(다이메
틸텔루륨)로 바뀌고 텔루늄을 먹고 중독된 사람의 입에서는 마늘과 비슷한
냄새가 납니다.

---

* 알티모니 알약: 소화되지 않은 안티모니 알약은 변기에서 꺼내 깨끗이 씻은 후 다시 사용되었다고 한다.

아이오딘
(요오드)
IODINE

아이오딘의 색깔은?

아이오딘이라는 이름은 보라색을 뜻하는 그리스어 '이오디스^{iodis}'에서 유래했어요. 실제로 아이오딘 증기는 휘발유 속의 아이오딘 용액처럼 보라색을 띱니다. 하지만 물속에서는 노란색을 띠죠. 또 폴리비닐알코올과 전분에서는 선명한 파란색을 띱니다.

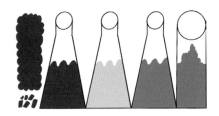

어디에나 있지만 어디에도 없는

아이오딘은 지구 지각에서 1톤당 불과 0.45g 정도 존재할 만큼 흔치 않은 원소인 동시에 잘 흩어지기도 합니다. 말하자면 공기 중이든, 흙이든, 물이든, 살아 있는 생명체든, 어디든 존재하지만 아주 소량만 존재해요.

그런데 엄청난 양의 아이오딘 원자를 '사냥해' 저장하는 생명체도 있답니다. 가령 다시마 같은 해조류에는 그것이 자라는 바닷물보다 10만 배 넘는 아이오딘이 들어 있어요. 여러분이 바닷가에 가서 시중에 통조림 형태로 판매되는 해조류 샐러드보다 훨씬 맛있는 샐러드를 만들고 싶다면 꼭 기억해 두세요. 우선 해조류를 서너 번 끓여 물을 버리는 과정을 통해 그 속에 들어 있는 아이오딘을 어느 정도 제거할 필요가 있다는 사실을 말이죠. 그렇지 않으면 아이오딘에 중독될 수도 있답니다.

범인을 찾아라

평상시에 아이오딘은 고체 상태로 존재해요. 하지만 공기 중에 아이오딘 결정을 두면 시간이 지남에 따라 증발하면서 흔적도 없이 사라지고 말죠. 고체에서 액체 단계를 거치지 않고 기체로 바뀌는 현상을 승화라고 합니다. 아이오딘의 이런 성질은 범죄 현장에서 범인의 지문을 찾으려는 형사들이 주로 이용합니다.

1단계: 아이오딘을 증발(승화)시킵니다.

2단계: 아이오딘이 증발하면서 범인이 만진 곳마다 묻어 있는 땀과 기름기에 달라붙어 있던 작은 아이오딘 결정이 떨어져 나옵니다. 범인의 지문 형태를 완벽하게 얻었어요.

아이오딘은 아군일까, 적군일까?

우리 몸에는 10~50㎎의 아이오딘이 들어 있어요. 물론 그중의 8㎎은 갑상샘에 들어 있죠. 아이오딘은 갑상샘 호르몬의 하나인 티록신을 만드는 데 필요해요. 갑상샘은 '만일의 경우를 대비해' 티록신을 저장해두죠. 평상시에 해조류 샐러드를 먹어둘 필요가 있는 것도 바로 이 때문이에요!

원자력 발전소에서 사고가 발생해 충격적인 양의 아이오딘이 우리 몸에 들어올 수도 있을 겁니다. 그럼 엄청난 양의 방사성 아이오딘-131이 우리가 살아가는 환경에 들어오겠죠. 갑상샘이 정확히 그만큼의 아이오딘을 저장한다고 상상해 보세요! 우리 목은 강력한 방사능 창고가 될 겁

니다. 하지만 갑상샘이 '가득 차버리면' 더는 방사성 아이오딘이 들어갈 자리가 없을 테고, 우리 몸에 큰 해를 입히지 않고서 소변의 형태로 몸에서 빠져나올 거예요.

☠ 이건 아이오딘이 아니야!

가래나무의 말랑한 껍질에 아이오딘이 많다고 생각하는 사람들이 많

아요. 실제로 가래나무 열매를 집어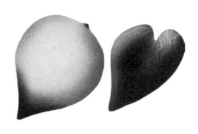
들면 묽은 아이오딘 용액과 비슷한
누르스름하고 끈적한 액체가 손에
묻어날 거예요. 서너 시간이 지나면
누르스름한 빛은 없어지죠. 아이오딘처럼 과즙이 증발해 버린 겁니다.
하지만 이 과즙은 아이오딘이 아니에요! 이것은 주글론juglone이라는 유
기 물질로 가래나무의 라틴어 속명 'Juglans'을 따라 지어진 이름입니다.

아이오딘 테스트

'아이오딘 격자'를 이용해 우리 몸에 아이오딘이 충분한지 알아볼 수 있어요.
우선 피부에 세 줄로 아이오딘 용액을 발라둡니다. 가장 짧은 줄이 3시간 이
내에 사라진다면(피부가 스펀지처럼 아이오딘을 빨아들인다면) 우리 몸은 아이오딘
이 부족한 상태입니다. 이 경우 우리는 내분비 전문의를 찾아가 상담을 받아
야 해요.

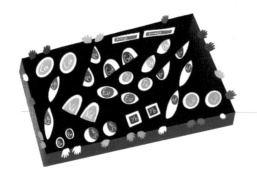

란타넘족
LANTHANIDES

열다섯 쌍둥이

주기율표의 여러 형태 중에 맨 밑에 서로 떨어져 있는 2개의 줄이 있습니다. 각 줄에는 15개의 원소가 들어 있죠. 첫 번째 줄은 란타넘족 원소를 모아두었습니다. 이들은 란타넘^{lanthanum}족에 속한 금속으로 란타넘과 매우 비슷하고 성질도 서로 비슷해요.

오랫동안 과학자들은 이들 원소를 서로 분리하는 것은 물론 구별까지 할 수 있었어요. 그런데 거의 모든 물질과 같은 방식으로 반응한다면 이들 원소를 어떻게 구분할 수 있을까요? 오늘날에도 산업 분야에서는 '미시메탈^{mischmetal}(독일어로 금속 혼합물을 뜻함)'로 불리는 란타넘족 원소의 합금이 이용되고 있지만, 정확히 어떤 원소로 이루어져 있는지는 알려지지 않았어요.

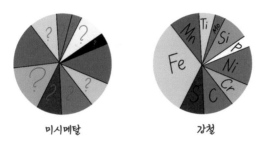

미시메탈   강철

🤖 희토류 원소

란타넘족에 속한 많은 원소는 매우 희귀한 데다 잘 흩어집니다. 어디든 있지만 미세한 불순물의 형태로만 존재해서 매장 층은 찾아볼 수 없어요. 그런 원소를 '희토류' 원소라고 하죠. 이렇게 흩어진 원소를 추출하는 데는 비용이 많이 듭니다. 하지만 오늘날 과학 기술에 없어서는 안 되는 원소들이죠. 란타넘, 유로퓸을 비롯한 란타넘족 원소의 화합물과 합금은 뛰어난 강자성체입니다.

239

유로퓸뿐만 아니라 그 화합물 역시 훌륭한 발광단(빛을 내는 물질)으로 알려져 있어요. 플라즈마 TV 화면과 유로화 지폐의 위조 방지에 이용됩니다.

반도체, 초전도체, 레이저, 발광단, 촉매, 의료용 조제…. 란타넘족에 속한 원소가 하는 일은 일일이 열거할 수 없을 정도죠. 이들 원소는 땅 위에서, 땅속에서, 물속에서, 우주에서 열심히 일한답니다.

하프늄,
탄탈럼, 텅스텐
HAFNIUM, TANTALUM, TUNGSTEN

탄탈럼 주화

탄탈럼은 희귀하고 은보다 2~3배 정도만 저렴할 만큼 비싼 금속입니다. 카자흐스탄 국영은행은 우주 정복을 기념하여 두 가지 금속으로 된 기념주화를 연속해서 발행해 왔어요. 주화의 가운데는 탄탈럼, 테두리는 은으로 이루어져 있답니다.

어디가 깨졌다고요? 우리에겐 탄탈럼이 있어요!

탄탈럼은 보철, 의족, 의치처럼 인공 보형물에 아주 적합한 물질로, 뼈가 손상됐을 때 두개골판을 만들거나 인공 관절의 부품을 만드는 데 이

용됩니다. 또 탄탈럼 철심과 실은 손상된 신경과 혈관을 연결할 때 이용
되죠.

♨🧹 백열등

20세기 초반, 사람들은 전구 필라멘트로써 텅스텐의 뛰어난 쓰임새를
발견했습니다. 이전까지만 해도 필라멘트는 매우 값비싼 백금이나 수명
이 매우 짧은 탄소로 만들어졌어요. 하지만 내열성을 갖춘 텅스텐은 몇
시간이 아닌 몇 개월을 버틸 수 있는 저렴한 전구 생산을 가능하게 해주
었습니다.

🎭 기적의 합금

내열성 금속인 텅스텐과 탄탈럼은 강철에 소량만 추가해도 내열성을 강화하고 부식에도 강하게 만들어 줍니다. 하프늄, 탄탈럼, 텅스텐 합금은 우주선의 연료 공급장치에 이용됩니다. 탄화하프늄과 붕소화물은 내열성과 내마모성이 강해 원자력 엔진처럼 극단적인 환경에 이용됩니다. 포베디트는 코발트가 들어간 탄화텅스텐 합금에 속해요. 다이아몬드와 맞먹을 정도로 단단해서 의료용 기구, 드릴, 나사송곳, 톱니를 만드는 데 이용되죠. 포베디트로 이루어진 부분을 펜치로 너무 세게 쥐지 마세요. 이 합금은 깨지기 쉬우니까요!

레늄, 오스뮴, 이리듐

RHENIUM, OSMIUM, IRIDIUM

우주에서 전해온 인사

이리듐은 지구 지각에서는 무척 희귀한 원소지만 운석에서는 종종 발견되죠. 백악기와 제삼기의 경계로 추정되는 암석층에서 이리듐 함량이 늘어난 것을 발견한 고생물 학자들이 약 6,500만 년 전 지구와 충돌한 거대한 운석이 폭발하면서 지표면 전체로 흩어졌다는 가설을

자신 있게 내놓았던 것도 이 때문입니다. 이런 운석의 충돌 흔적은 나중에 거대한 칙술루브 충돌구Chicxulub Crater*의 형태로 발견되었어요.

---

*칙술루브 충돌구: 멕시코의 유카탄반도에서 발견된 거대한 운석 충돌구로, 지름이 약 180km, 깊이가 약 20km에 이른다.

☺ 이름의 유래

광석에서 새로운 원소를 추출해 원소끼리 분리하는 데 어려움을 겪은 화학자들은 이들 원소에 가장 아름다운 이름을 지어주는 일이 썩 내키지 않았어요. 그래서 지옥을 의미하는 판데모니움pandemonium과 광기를 의미하는 데릴리움delirium이라는 이름이 주기율표에 등장할 뻔했답니다!

19세기 영국의 화학자들은 왕수(214쪽 참조)에 백금 광석을 녹이면 남게 되는 잔류물을 연구했고 이들의 상상력은 끝이 없었습니다. 두 가지 새로운 금속을 발견한 스미슨 테넌트Smithson Tennant*는 그리스의 무지개 여신 이리스Iris를 기리는 뜻에서 그중 하나에 '이리듐iridium'이라는 이름을 붙였어요. 이리듐 화합물은 온갖 색깔로 희미하게 빛나죠.

---

* 스미슨 테넌트: 다이아몬드가 탄소라는 것을 증명한 영국의 화학자.

아주 불쾌한 냄새를 풍긴 두 번째 금속에는 '오스뮴osmium'이라는 이름을 붙여주었습니다. 이는 그리스어로 '냄새 나는osme'이란 뜻이에요. 냄새를 풍기는 것은 금속 자체가 아니라 금속의 사산화물*이랍니다.

이리듐과 만년필

세상에서 가장 희귀하고 값
비싼 금속 가운데 하나인 작은
이리듐 조각은 여러분 집에 있

을 수도 있어요. 끝부분에 작은 은색 볼이 달린 '만년필'을 부모님이 갖고 있다면 말이죠. 이런 볼은 마모에 특히 강해서 영구적으로 쓸 수 있는 이

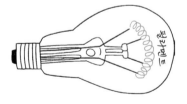

리듐으로 만들어집니다.

반면에 백금과 합금한 '냄새 나는'
오스뮴은 인공심장박동 조절기에 탁

---

* 사산화물: 어떤 원자에 산소 원자 4개가 결합한 산화물.

월한 물질로 사용됩니다. 텅스텐과 합금한 오스뮴은 전구 필라멘트로 이용됩니다.

☺ 그리스인들이 오스뮴을 알았더라면

금 세공사가 금 대신 값싸면서도 가벼운 은을 시라쿠사 왕의 왕관에 섞은 사실을 아르키메데스가 어떻게 알아냈는지 기억하나요? 당시에 사람들은 금보다 무거운 금속에 대해서는 알지 못했고, 덕분에 아르키메데스는 쉽게 가짜 왕관을 폭로할 수 있었어요. 하지만 사기꾼의 손에 오스뮴이 들려 있었다면 아르키메데스를 속이는 일도 가능했을 거예요. 오스뮴과 이리듐은 세상에서 가장 무거운 금속이니까요. 금의 밀도가 1㎤당 19.3g인 데 비해 이들 금속의 밀도는 1㎤당 22g 이상이죠. 이리듐은 금보다 비싸지만 오스뮴은 상대적으로 저렴합니다.

열전대

서로 다른 금속 막대를 한데 합쳐 접합 부분에 열을 가하고 나머지 한쪽 끝에 철사를 연결하면 철사를 통해 전류가 흐를 겁니다. 이런 장치를 '열전대'라고 하죠. 열전대는 전류를 만드는 데 이용할 수 있고, 온도를 측정하는 데 이용할 수도 있어요. 온도가 높을수록 전류가 강할 거예요. 가령 녹은 쇳물이 얼마나 뜨거운지 정확히 측정하려면 이리듐과 로듐으로 만든 열전대를 이용해야 합니다. 이들 금속은 2,000℃에서도 녹지 않으니까요!

우리는 이리듐과 로듐을 이용해 실험할 수는 없지만 알루미늄과 구리로 만든 열전대를 만들 수는 있죠! 그러나 구리와 알루미늄 조합은 매우 약한 전류를 만들어 냅니다. 그렇게 약한 전류를 감지하려면 나침반이 필요할 거예요.

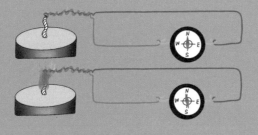

백금
PLATINUM

은

백금은 스페인어로 아주 작은 은^{plata}을 가리킵니다. 백금을 값진 금속으로 보지 않았던 스페인 정복자들은 그런 식으로 불렀다고 합니다.* 오늘날 백금은 금과 비슷한 가격으로 거래됩니다.

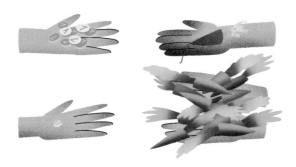

---

* 백금은 스페인 정복자들이 유럽의 리오핀토 강에서 발견한 후 '리오핀토의 작은 은'이라는 뜻으로 '플라티나 델 핀토(Platina del Pinto)'라고 불렀던 것이 오늘날 '플래티넘'이 된 것이다.

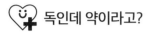 독인데 약이라고?

치관(치아머리)을 백금으로 만드는 경우도 간혹 있지만 가격이 너무 높죠. 이런 이유로 의학 분야에서 백금의 주요 용도는 항암 화학요법입니다. 백금 화합물은 사람에게는 독이 됩니다. 하지만 건강한 세포보다 빨리 암세포를 죽이기 때문에 이런 점이 치료 효과의 기준으로 작용합니다. 비활성 금속이고 다른 물질과는 거의 반응을 일으키지 않기 때문에 순수한 백금은 우리 몸에 해롭지 않아요.

👀 보석 외의 용도

아스텍족, 케추아족, 마야족도 백금으로 장신구를 만들었답니다. 유럽에서 백금은 초기에 다이아몬드를 끼워 넣는 틀로만 이용되었어요. 백금은 금처럼 다이아몬드를 '누렇게' 만들지 않고 다이아몬드 본래의 모습 그대로 보이게 해줍니다. 게다가 백금을 아주 얇게만 코팅해도 거울 유리를 얻을 수 있어요. 그런 유리는 모든 광선을 반사해 외부에서 내부는 들여다볼 수 없어요. 반면에 실내에서 밖을 내다보면 유리는 완전히 투명하답니다.

🤖 촉매

백금의 주요 용도는 촉매예요. 백금이 없다면 화학 산업은 중단될 것이고, 연료의 불완전 연소 때문에 자동차 배기가스가 훨씬 더 해로워질 겁니다. 백금 덕분에 배기가스는 촉매 변환 장치에서 해롭지 않은 물, 질소, 이산화탄소로 타고 말죠.

감자의 촉매 반응

우리는 이미 97쪽에서 촉매를 이용한 실험을 해봤어요! 다른 효소와 마찬가지로 과산화효소 역시 촉매 역할을 합니다. 다시 말해, 화학 반응을 일으키지만 반응 전후로 없어지지 않고 그대로 남죠.

모두 바뀌어도 나는 그대로지!

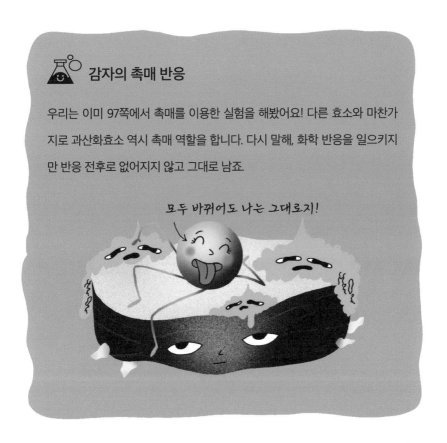

금
GOLD

금은 왜 금색일까?

금은 회색을 띠지 않는 몇 안 되는
금속 가운데 하나입니다. 금이 노
란색을 띠는 이유는 특이한 원자 구
조 때문이에요. 금의 전자는 파란색
파장은 흡수하고 노란색 파장은 반사하
는 식으로 분포합니다. 다른 금속은 모든

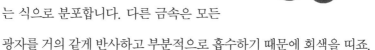

광자를 거의 같게 반사하고 부분적으로 흡수하기 때문에 회색을 띠죠.

금은 비활성이 강해서 다른 물질과는 거의 반응을 하지 않아요. 하지
만 금도 결국 금속이죠. 그렇다면 금 원자는 전자를 쉽게 내어줄까요? 금
원자는 매우 작고 결정격자에 고밀도로 채워져 있어서 쉽게 접근할 수 없
어요. 이런 이유로 금은 중금속에 속합니다.

금광맥

대부분의 금은 너무 무거워 오래 전에 지구의 핵으로 가라앉았어요. 지구의 지각에 존재하는 금 조각은 대개 운석에 의해 우주에서 날아온 거랍니다.

하지만 완전히 지구에서 만들어진 금광도 존재해요. 간혹 지구의 지각 틈새를 통해 용암이 흘러나올 때가 있습니다. 뜨겁게 용해된 광물질에는 금 원자도 들어 있어요. 용암은 식으면서 단단하게 굳죠. 석영과 금은 각각 1,700℃, 1,064℃로 식을 때까지는 액체로 남아 있어요. 응고된 석영 덩어리 사이의 틈에 이렇게 액체 상태의 금을 채취할 수 있답니다. 액체의 금이 굳으면 금광이 형성됩니다.

건강과 금

금속으로서의 금은 우리 몸에 전혀 해롭지 않은 것으로 알려져 있어요 (하지만 아주 적은 양으로도 알레르기와 유사한 반응을 일으키기도 합니다). 덕분에 금은 다양한 요리에서 식용 장식으로 이용되는 경우가 많고, 심지어 음료에 첨가물로도 들어갑니다. 순금은 너무 무르기 때문에 오랜 옛날부터 치관과 틀니는 금 합금으로 제작됐어요.

귀고리 소재로는 금이 최고라고 알려져 있죠. 이처럼 비활성 금속은 땀 성분인 물, 염분, 황과 반응을 하지 않기 때문에 대개는 사람들의 피부를 자극하지 않습니다. 몇몇 가용성 금화합물은 인체에 유독할 수 있어요. 하지만 수많은 의약

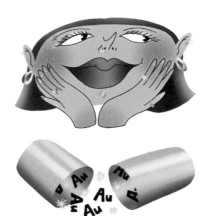

품에는 기본적으로 금이 들어갑니다. 금의 방사성 동위 원소는 암 방사선 치료에 이용됩니다.

전자 기기에 이용되는 금

금은 다른 물질과 반응을 거의 일으키지 않고 전기를 잘 전달하기 때문에 전자 기기에 폭넓게 이용됩니다. 가령 부식을 방지하기 위해 접촉면에는 금을 입히죠. 게다가 금은 열을 잘 전달하는데, 이는 전자 기기에서

열을 받는 부분의 열을 제거해 준다는 의미도 됩니다.

카를 마르크스가 옳았다

오늘날 대부분의 과학자는 카를 마르크스Karl Marx의 경제론을 인정하지 않습니다. 하지만 그가 남긴 말 중에 확실히 옳은 것이 하나 있죠. "금

은 인간이 최초로 알게 된 금속이었다!"라는 말이에요. 이 말은 인간이 아주 오랜 옛날부터 돈에 눈이 멀었다는 의미가 아니에요. 다만 금이 광석이 아닌 순수하게 자연 그대로의 모습으로 발견되는 몇 안 되는 금속 가운데 하나라는 거죠. 다른 금속이 산화물, 수산화물, 염으로 변할 때도 이런 귀금속은 물이나 산소와는 반응하지 않기 때문에 지구

지각에서 순수한 형태로 보존될 수 있습니다.

광석에서 구리나 철을 얻으려면 어느 정도 지식이 필요하지만, 자연 그대로의 금덩어리를 찾아 어떤 모양이든 만드는 일은 별다른 기술이 필요 없답니다! 금은 아주 말랑해서 두드려 펴기만 하면 되니까요.

진짜 금일까, 가짜 금일까?

구리와 아연에다 간혹 주석까지 들어가는 황동처럼 노란색을 띠는 금속 합금도 금처럼 보일 수 있어요. 이들 금속을 금과 구별하는 일은 어려울 수 있습니다. 어떤

경우는 특별한 장비와 시약, 풍부한 경험이 필요하죠. 하지만 누구든 쉽게 구별하는 방법이 있답니다.

진짜 금붙이인지, 아닌지를 '광택'으로 알아볼 수 있다고 하는 사람들도 있죠. 하지만 실제로 어떤 금속이든 표면이 반짝일 정도로 광택을 낼 수 있어요.

제품에 견본품과 함께 품질 보증 마크가 있으면 좋아요. 하지만 품질 보증 마크가 없

거나 가짜 금이라는 의심이 든다면 어쩌죠? 귀금속 가게에 가는 길에 약국에 들러 아이오딘 용액과 암모니아수를 달라고 하세요.

이제 여러분 앞에는 노란색 금속으로 만든 두 가지 장신구가 놓여 있습니다. 우선 암모니아와 면봉을 집어 드세요. 암모니아수(암모니아 기체는 톡 쏘는 냄새가 납니다)에 면봉을 적셔 장신구 표면을 훑어보세요. 금에는 아무런 흔적도 남지 않지만, 황동에는 어두운 반점이 나타나면서 면봉이 파란색으로 변할 겁니다.

이 방법은 구리가 들어 있는 합금에 효과가 있어요. 합금이 '금

색'을 띠게 하는 금속은 흔히 구리거든요.

여러분은 이미 물질의 정체를 알아차렸을 겁니다. 비활성 금속인 금은 암모니아와 반응하지 않지만, 구리는 암모니아와 반응해 파란색 화합물을 형성하니까요.

질산은으로 된 연필을 물에 적셔 장신구에 그어보세요. 금이라면 아무런 변화가 없겠지만, '금처럼 보이는' 합금이라면 어두운 반점이 나타날 거예요.

합금 속의 구리는 '약한' 원소라서 은에 전자 하나를 내어주고 금속 표면에 어두운 피막으로 떨어져 나옵니다.

아이오딘을 알코올에 녹인 용액을 이용할 수도 있어요. '금처럼 보이는' 합금에는 밝은 반점을 남길 테지만, 진짜 금에는 어두운 반점을 남긴답니다. 다행히 반점은 잘 지워져요. 금은 비활성 금속이지만 다른 금속과 마찬가지로 아이오딘과는 반응하죠.

그 밖의 방법으로는 유리 위에 떨어뜨렸을 때, 금은 '금처럼 보이는' 합금보다 큰 소리를 냅니다. 이외에 오래전부터 해오던 방법은 치아로 깨물어보는 거예요. 말랑한 금에는 치아 자국이 남지만 황동에는 남지 않죠.

간혹 파운데이션 화장품을 이용하기도 하는데, 이 경우는 애매한 결과를 얻을 수도 있어요. 다른 금속에는 회색의 줄무늬가 나타나지만, 흰색의 로듐이 도금된 금에는 줄무늬가 나타나지 않아요.

은 식별법

백동*이나 양은** 합금(174, 217쪽 참조)인지 은인지 알아보려면 거의 같은 물질을 이용할 수 있습니다. 이들 합금에서는 일반적으로 냄새가 나지만 은에서는 냄새가 나지 않죠. 질산은 연필은 은에 아무런 흔적을 남기지 않지만 백동과 양은에는 얼마 가지 않아 어두운 반점이 나타날 거예요. 은염(질산은)은 은과 반응하지 않지만, 구리 합금과는 반응합니다. 이와 반대로 아이오딘은 은에 어두운 반점을 남기지만 백동과 양은에는 아무런 흔적도 남기지 않아요. 아이오딘은 은과 반응하면서 아이오딘화은을 형성합니다. 아이오딘화은은 빛에 민감해서 빛을 받으면 어둡게 변하죠. 이들 합금이 어떻게 표기되는지 살펴볼까요? 백동은 MN(구리-니켈), 양은은 MNC(구리-니켈-아연)로 표기됩니다.

---

* 백동: 구리와 니켈의 합금.
** 양은: 구리, 니켈, 아연의 합금.

수은, 탈륨
MERCURY, THALLIUM

☺ 빠르게 흐르는 은

수은은 고대인들에게 알려진
전설적인 7대 금속 가운데 하
나입니다. 그러나 수많은 화학
자는 수은을 금속으로 보는 것
에 대해 확신을 갖지 못했어요.

그도 그럴 것이, 수은은 평상시 액체 상태로 존재하니까요!

여러 언어에서 수은이 '빠르게 흐르는 은(영어로 퀵실버)'이나 '물 은'으로
불리는 것도 이유가 있답니다. 물론 -38.83℃ 이하에서 수은은 고체로도

존재할 수 있어요. 하지만
따뜻한 지중해에서는 수
은을 볼 수 없을 거예요.
과학자들이 처음으로 수

은을 발견한 곳은 꽁꽁 얼어붙은 시베리아였어요.

😀 수은의 독성

수은과 그 화합물은 화가의 물감, 의약품, 다양한 장비에 이용됐어요. 가령 우리는 여전히 기압계로 수은의 눈금에 따라 대기압을 측정합니다. 수은의 중요한 성질 가운데 하나는 거기에 금속을 녹여 액체 합금인 아말감*을 만드는 거예요. 이런 식으로 거울 뒷면을 은으로 덮고, 성 이삭 대성당St. Isaac's Cathedral**의 둥근 지붕에 금박을 입히는 겁니다. 아말감을 고르게 펴 바르고 나면 수은이 증발하면서 은이나 금만 남게 됩니다. 안타깝게도 수은 증기는 독성이 매우 강해 수많은 노동자가 수은 중독으로 목숨을 잃었죠.

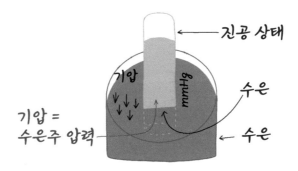

---

* 아말감: 치과 치료에서 널리 사용되는 재료 중의 하나로 수은, 은, 구리, 주석, 아연 등을 이용한 합금.
** 성 이삭 대성당: 상트페테르부르크에 있는 러시아 최대의 정교회 건물로 40여 년에 걸쳐 지어짐.

『이상한 나라의 앨리스Alice in Wonderland』에 등장하는 모자 장수가 미쳤다는 설정은 괜한 이야기가 아니었던 거예요. 루이스 캐럴Lewis Carroll*이 살던 시대에는 모자 만드는 소재를 수은에 담가 부드럽게 만들었고 그 결과 모자 장수들이 수은 증기에 중독됐답니다. 수은은 다른 무엇보다 뇌의 기능에 영향을 주었죠.

☺ 칼륨 군, 자네 동생 탈륨은 어디에 있나?

주기율표에서 수은의 이웃인 탈륨 역시 매우 강한 독성을 띠고 있죠. 탈륨이 특히 사람에게 위험한 이유는 칼륨의 성질과 어느 정도 비슷하기 때문이에요. 우리 몸은 이들 원소를 다량으로 흡수합니다.

탈륨은 유명한 탐정 소설가인 애거서 크리스티Agatha Christie가 작품에서 '즐겨 쓰던' 독 중의 하나예요. 그녀는 작품을 통

---

* 루이스 캐럴: 영국의 작가이자 수학자. 본명은 찰스 럿위지 도지슨이나, 루이스 캐럴이라는 필명으로 더욱 유명하다.

해 이런 독에 대한 '유행을 이끌었다는' 비난을 받기도 했죠. 그러나 간혹 그녀의 소설은 환자가 탈륨에 중독됐다는 사실을 의사에게 알려주기도 하고, 범인이 어떤 종류의 독을 이용했는지를 탐정에게 알려주기도 했어요. 게다가 그녀의 책은 치료법까지 정확하게 묘사하고 있죠. 수은 중독과 마찬가지로 철 화합물인 프러시안 블루Prussian blue가 해독제로 등장합니다.

☠ 수은 온도계

물론 오늘날은 갈린스탄(223쪽 참조)처럼 더욱 안전한 물질이 수은을 대체하고 있습니다. 하지만 여전히 많은 이들이 오래된 수은 온도계를 집에 두고 있죠. 어쩌다 수은 온도계가 깨졌다면 어떻게 해야 할까요?

우선 주변인에게 알리고 수은 제거 서비스를 요청해야 합니다. 수은 증기가 가장 위험하며, 빠르게 흐르는 수은 방울은 아주 좁은 틈새로도 들어갈 수 있다는 사실을 잊지 마세요. 빗자루, 대걸레, 진공청소기는 절대로 사용해서는 안 됩니다. 수은 증기가 공기 중에 퍼지면 안 되니까요! 뒤얽힌 구리 가닥으로 된 철사가 있다면 구리 가닥을 솔로 풀어 수은 방울을 건드려 옆으로 '당깁니다.' 구리는 수은과 만나 아말감을 형성합니다.

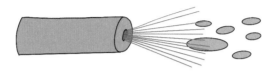

수은을 쏟은 자리는 염화철(III) 용액으로 처리합니다. 휘발성이 낮은 화합물에 수은을 묶어두는 거죠. 화학 처리를 마치고 나면 표면을 꼼꼼하게 물로 다시 씻어냅니다. 여기에 이용된 걸레, 솔, 헝겊 조각은 단단히 밀봉된 유리병에 넣어두어야 해요. 절대 일반 쓰레기통에 버려서는 안 되며, 반드시 지정된 방법으로 폐기하거나 재활용 센터에 보내야 합니다.

$$FeCl_3 + Hg = 2FeCl_2 + HgCl_2$$

납
LEAD

😀 납을 바른 여왕

　오늘날 납은 무시무시한 독성이 있다고 알려져 있고, 우리는 가능하면 납과 접촉하지 않으려고 노력하죠. 하지만 옛날 사람들은 지금처럼 납을 크게 두려워하지 않았어요. 영국 여왕 엘리자베스 1세는 백납이 들어간 베네치아산 분을 이용해 얼굴의 마맛자국을 가렸다고 합니다. 비양심적인 상인들은 산화납으로 이루어진 붉은 결정을 고춧가루에 넣어 값비싼 양념의 양을 부풀렸죠.

　로마인들은 '납 설탕(납의 아세트산염, 초산염)'으로 포도주에 단맛을 냈어요. 그들은 포도주를 납으로 된 용기에 보관했습니다. 로마의 송수관은 납으로 만들어져 물이 납 성분으로 오염되었죠. 산속의 샘물에 칼슘염이 풍부해 그 퇴적물

이 송수관 안쪽을 뒤덮은 덕분에 로마인들은 그나마 목숨을 부지할 수 있었어요. 17세기에는 이와 같은 납물 공급 방식으로 모스크바 크렘린궁의 황제 식탁에까지 물을 공급했죠! 로마인들만 납에 중독된 것이 아니었던 겁니다.

👀 예술품의 부활

옛날에는 납을 이용해 페인트도 만들었다고 해요. 연백(혹은 백연)은 납 탄산염이면서 수산화물이고, 연단은 납염이면서 납산입니다.

옛 거장들의 그림은 납 성분 때문에 시간이 지나면서 거무스름해졌어요. 황화수소와 반응하면 검은색의 황화납이 형성됩니다. 다행히 검은 얼룩은 과산화수소로 표백할 수 있어요. 이 경우 검은 황화물 대신 흰 황산납을 얻게 되는 거죠. 거무스름해진 그림이 새롭게 부활한 겁니다!

황화물   황산염

로마인 흉내 내기

로마인의 기술을 이용해 송수관을 만들어 봐요!

1. (납 대신) 공작용 점토를 길게 밀어 평평하게 만듭니다.

2. 나무 원통을 공작용 점토로 감아줍니다. 이때 여분으로 양쪽에 2~4 cm의 점토를 남겨둡니다.

3. 하나를 안쪽, 나머지 하나를 바깥쪽으로 지정한 후 편한 쪽에서 점토를 포개줍니다.

4. 접힌 부분을 나무망치로 두드려 이음매를 한데 '합칩니다.' 원통을 빼내면 송수관을 얻게 됩니다.

5. 로마인들은 송수관을 이런 식으로 만들었답니다!

납의 다양한 쓰임새

납이나 그 합금은 매우 폭넓게 이용됐어요. 20세기 말까지도 납 합금으로 만든 인쇄 활자를 이용해 책을 인쇄했죠. 고대에는 돌 사이의 틈새에 시멘트 대신 납을 녹여 부었습니다. 오늘날에도 전선 피복물은 말랑하면서도 녹이 슬지 않는 납으로 만들어지죠. 총알과 사냥에 쓰이는 산탄을 만들 때도 납은 없어서는 안 되는 물질입니다. 총의 몸체로 들어온 총알 표면이 일부 녹고, 이렇게 녹은 부분이 윤활유 역할을 하게 됩니다. 흡혈귀에 관한 책을 읽거나 영화를 본 적이 있는 사람이라면 은으로 만든 총알을 총에 장전하는 장면을 본 적이 있을 겁니다. 하지만 은 총알은 오히려 총을 산산조각 낼 가능성이 매우 커요. 은은 납처럼 쉽게 녹지 않으니까요.

오늘날 납은 자동차 배터리에 이용됩니다. 엑스레이를 찍을 때는 납으로 된 앞치마를 입을 수도 있어요. 납은 방사선 차단에 뛰어난 효과가 있답니다.

☠ 길에서 파는 버섯은 사지 마세요!

휘발유에 테트라에틸납*을 넣던 시절도 있었죠. 그 결과, 자동차 배기통을 통해 산화납이 밖으로 배출됐습니다. 납이 들어간 휘발유는 판매 금지가 됐지만, 고속도로 부근의 흙에는

길에서 파는 버섯은 싸지만 독이 있을 수 있어요.

여전히 납이 남아있어요. 중금속은 버섯에 직접 쌓이기 때문에 도로 부근에서는 버섯을 사지 않는 것이 좋아요.

---

* 테트라에틸납: 납 원자에 에틸기 4개가 결합한 화합물. 무색의 액체로 독성이 매우 강함.

비스무트, 폴로늄, 아스타틴, 라듐

BISMUTH, POLONIUM,
ASTATINE, RADIUM

동위 원소란?

주기율표의 원소마다 원소 번호만큼의 양성자가 원자핵에 존재합니다. 그러나 중성자 수는 다를 수 있어요. 이렇게 양성자 수는 같지만 중성자 수가 다른 원소를 '동위 원소isotope('같은'을 뜻하는 그리스어 'isos'와 '곳'을 뜻하는 'topos'에서 유래함)'라고 부르죠. 동위 원소는 주기율표에서 같은 곳에 존재합니다.

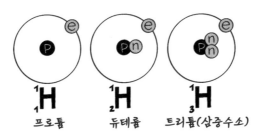

모든 원소는 방사성 동위 원소를 갖고 있습니다. 하지만 어떤 원소는 방사성 동위 원소로만 이루어져 있어요. 테크네튬, 프로메튬, 비스무트로 시작되는 모든 원소가 이에 해당합니다.

🔅 비스무트의 반감기

비스무트는 오랫동안 안정적인 원소로 여겨졌어요. 하지만 2003년에 이르러 과학자들은 비스무트 역시 방사성 원소이고 다만 아주 서서히 붕괴한다는 사실을 밝혀냈습니다. 비스무트의 반감기*는 우주의 나이보다 무려 10억 배나 길어요. 그래서 방사선이 매우 약하죠.

☠️ 폴로늄의 위험성

폴로늄은 방사선이 매우 강한 원소예요. 폴로늄 주괴**는 닿기만 해도 에너지를 방출하며 매우 빠르게 붕괴합니다. 아주 소량이라도 몸에 들어가면 목숨을 잃을 수 있어요. 하지만 피부에서 몇 센티미터 떨어진 정도는 괜찮아요. 폴로늄에서 방출된 알파 방사선은 공기 중에 쉽게 흡수되니까요.

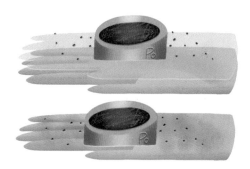

---

* 반감기: 방사성 물질의 양이 처음의 절반으로 줄어드는 데 걸리는 시간. 비스무트의 반감기는 2010경 년에 이른다.
** 주괴: 거푸집에 부어 여러 모양으로 만든 금속이나 합금의 덩어리.

☺ 아스타틴

아스타틴의 가장 안정적인 동위 원소는 반감기(278쪽 참조)가 7시간에 불과합니다. 그런 원소는 자연에서는 발견되지 않고 인공적으로 만들어 냅니다. 아스타틴의 물리적·화학적 성질은 아직 제대로 밝혀지지 않았어요. 아스타틴이 진작에 사라져 버려서 과학자들이 실험할 시간이 충분치 않았던 겁니다.

☺ 1g의 라듐을 얻으려면

라듐은 그것이 '존재하는' 모습을 불과 몇 초도 볼 수 없을 만큼 방사선이 가장 강한 금속 가운데 하나예요. 우라늄이 붕괴하면서 생긴 생성물로 지구의 지각에서 발견되지만, 유리 제작 과정(우라늄은 유리에 색을 넣는 데 이용됨, 280쪽 참조)에서 나온 몇 톤의 유리를 퀴리 부부가 일일이 손으로 처리하고 나서야 겨우 1g의 라듐을 얻었을 만큼 매우 소량이죠.

🤖 달 탐사선 연료

폴로늄은 달 탐사선 연료로 이용됐습니다. 휘발유와 달리 연소할 때 공기가 필요하지 않기 때문이에요. 비스무트 합금은 전기 회로의 퓨즈로 이용되며, 강철을 추가해 화학 산업의 촉매, 의학 분야를 비롯한 수많은 용도로 쓰입니다. 비스무트 바나듐산염은 선명한 노란색 안료로 페인트에 사용되고 있어요. 비스무트 광물은 진주빛 광택 덕분에 매니큐어나 아이섀도 같은 화장품에서 패션 애호가들의 사랑을 받고 있죠.

😀 마리 퀴리

현재까지 알려진 118개의 원소 가운데 15개는 과학자들의 이름을 따서 지어졌어요. 원소 번호 96번인 퀴륨curium은 라듐 발견자이기도 한 피에르 퀴리Pierre Curie와 마리 퀴리Marie Curie 부부의 공적을 기리기 위해 붙여진 이름입니다.

마리 스크워도프스카 퀴리Marie Skłodowska Curie는 여러 방면에서 신기

록을 세웠죠. 그녀는 노벨상을 받은 최초의 여성인 동시에 물리학과 화학으로 노벨상을 두 번 받은 최초의 과학자이기도 합니다. 이학박사이자 소르본 대학교 교수가 된 최초의 여성이기도 한 마리 퀴리의 딸(이레네 퀴리) 역시 노벨상을 탔어요.

마리 퀴리는 라듐과 폴로늄(조국인 폴란드의 라틴어 이름을 따서 지음)을 발견하는 데 큰 공로를 세웠어요. 그녀는 남편인 피에르 퀴리, 동료인 앙리 베크렐Henri Becquerel과 함께 방사능 연구를 했고, 실제로 방사능

이라는 용어를 만들어 내기도 했죠. 안타깝게도, 마리 퀴리는 방사능에 빈번히 노출돼 얻은 백혈병으로 세상을 떠났습니다.

알프레드노벨

Radius - 광선

Ra

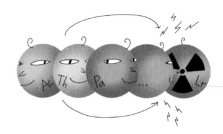

악티늄족
ACTINIDES

불안정한 족

악티늄족 역시 란타넘족(238쪽 참조)과 마찬가지로 비슷한 원소들끼리 모아놓은 또 다른 족이에요. 모든 악티늄족은 방사성 금속 원소입니다. 그중에서 단 2개의 원소 우라늄과 토륨만 수십 억 년 동안 '존재'하고 자연에서 발생합니다. 나머지 원소들은 우라늄과 토륨의 붕괴 과정에서 형성되거나 인공적인 방법으로 얻죠.

 우라늄

 토륨

폭탄 원소

플루토늄은 '폭발력'이 가장 강한 악티늄족 원소입니다. 플루토늄이 붕괴하면서 엄청난 에너지가 방출되죠(퀴륨에서도 많은 양의 에너지가 방출되지만, 그 정도는 아닙니다). 이런 플루토늄은 핵폭탄을 만드는 주요 물질일 뿐만 아니라 핵 발전소의 중요한 연료로 쓰입니다.

🔆 화재를 막는 방사능

악티늄족 원소는 실용적인 가치는 없는 것처럼 보일 수도 있어요. 짧은 시간 동안만 존재하고 비용도 많이 들기 때문입니다. 하지만 플루토늄, 아메리슘, 프로트악티늄은 화재경보기로 이용됩니다. 하지만 산업용으로만 설치해야 하고 주거용 건물이나 아동 시설에는 설치하지 말아야 해요.

플루토늄-239   플루토늄-241   아메리슘

화재경보기는 다음과 같이 작동합니다. 방사능이 있는 작은 조각의 방사능 원소가 공기 분자를 이온으로 '쪼개면' 실내에 있던 공기는 전류를 전달할 수 있어요. 화재가 발생하면 연기가 실내로 들어와 평상시보다 적

은 양의 전류가 흐르고, 화재경보기가 이처럼 변화된 전류량을 '감지'하면 경보 시스템에 불이 들어오게 됩니다.

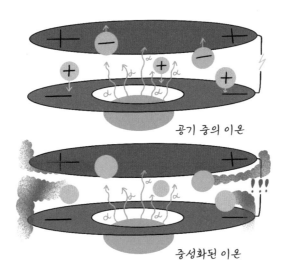

공기 중의 이온

중성화된 이온

☠ 죽음의 시계

1950년대에 연구 센터를 방문한 영국의 엘리자베스 여왕 2세는 플루토늄 용기를 받았어요. 다행히 여왕이 위험한 방사성 물질에 잠시라도 노출되는 일은 벌어지지 않았습니다.

하지만 앞의 사례는 한때 만병통치약과 화장품으로 여길 만큼 사람들이 라듐을 얼마나 부주의하게 다뤘는지를 명확히 보여줍니다. 라듐은 크림, 가루 치약, 빵, 초콜릿에도 첨가됐답니다. 방사능 원소가 들어 있는 페인트는 어둠 속에서도 빛나는 비문을 새길 때 이용됐어요. 야광 숫자판을 넣은 알람 시계도 만들어졌죠. 시간을 보기 위해 불을 켜지 않아도 되니 얼마나 편한가요! 또 이런 페인트는 원자가 끊임없이 뿜어져 나오는 덕분에 정확히 빛납니다. 시계 공장에서 일하던 여성 노동자

나는 멋져! 1955

들이 집단으로 병에 걸려 사망하기 시작했고, 그제야 사람들은 방사성 원소가 얼마나 위험한지를 깨닫게 되었죠.

☺ 어린이들에게 알립니다!

미국에서 일부 초우라늄 원소의 발견은 철저히 비밀에 부쳐졌습니다. 그러나 뛰어난 과학자 글렌 시보그(그의 이름을 딴 원소가 바로 '시보귬'이에요)가 공식 과학 보고서가 발표되기 며칠 전, 어린이 라디오 프로그램에서 새로운 원소들에 대해 이야기했습니다.

손을 이용한 반감기

방사성 원소에 관해 이야기할 때 '반감기'라는 단어를 줄곧 쓰게 됩니다. 반감기란, 원자의 수가 처음의 절반으로 붕괴하는 데 걸리는 시간입니다. 여러분의 이해를 돕기 위해 간단한 실험을 해 볼게요.

1. 한 움큼의 동전('원자')을 던집니다. 앞면이 나온 '원자'는 모두 '붕괴한' 것으로 봅니다. 붕괴한 원자 수를 세고 이를 적어둡니다.

2. 남은 동전(뒷면이 나온 동전)을 다시 던집니다. 앞면이 나온 동전은 옆으로 치워 놓고 개수를 셉니다. 마지막 동전이 붕괴할 때까지 반복합니다.

3. 동전의 '반감기'는 동전을 1회 던지는 겁니다. 하지만 동전이 완전히 붕괴하려면 상당한 시간이 걸립니다.

우라늄

URANIUM

 주요 악티니드actinide*

우라늄은 가장 널리 알려진 방사성 원소입니다. 1789년에 발견된 우라늄은 당시에 천문학자가 새로이 발견한 행성인 천왕성Uranus의 이름을 따서 붙여졌어요. 하지만 50년이 지나 그때 발견된 금속성 광택을 띤 검은색 물질은 우라늄이 아니라 그 산화물이었다는 사실이 밝혀졌어요. 순수한 우라늄은 강철처럼 회색을 띤 금속이죠.

트라펠리아 속의 이끼류는 우라늄 광석 폐기물 더미에 자생하며, 우라늄을 축적합니다.

---

* 악티니드: 악티늄족 원소 중에서 89번 악티늄을 제외한 14개 원소를 이르는 말.

우라늄 농축

천연 우라늄은 3가지 동위 원소로 이루어져 있어요. 가장 흔한 동위 원소는 U-238(원자핵이 92개의 양성자와 146개의 중성자를 포함)이죠. U-238은 서서히 붕괴하기 때문에 방사선과 에너지가 거의 배출되지 않아요. 핵연료를 얻으려면 더욱 활동적인 동위 원소 U-235의 비율을 늘릴 필요가 있어요. 우라늄을 '농축'하는 겁니다. U-235의 비율이 낮고 거의 U-238로 이루어진 우라늄을 '열화우라늄depleted uranium'이라고 해요. 열화우라늄의 활성도는 천연 우라늄보다 훨씬 떨어져요.

우라늄의 위험

우라늄은 방사능 때문만이 아니라 독성 때문에도 위험해요. 대부분의 중금속과 마찬가지로 우라늄 역시 아미노산의 작용을 방해하는 독성 물질입니다.

우라늄의 미적 가치

우라늄을 가장 많이 소비하는 곳은 물론 핵 발전소입니다. 이상하다는 생각이 들 수도 있지만, 열화우라늄은 재활용됩니다. 방사능을 거의 방출하지 않는 데다 납보다 나은 감마선을 가지고 있기 때문이죠.

우라늄 화합물은 우라늄이 발견되기 전인 먼 옛날부터 유리와 세라믹 생산에 사용되어 왔습니다. 우라늄염을 유리에 넣으면 아름다운 황록색을 띠고 자외선에 노출되고 나면 빛
납니다. 아름다우면서도 약한 방사
선을 띠므로 처음에는 비교적 안전
한 편이지만, 시간이 지나면서 우라
늄 붕괴 생성물이 유리에 쌓이면 훨

씬 위험해요. 따라서 우라늄으로 만든 유리 제품은 박물관에 기증하고 거
기서 감상하는 것이 좋겠죠.

원심 분리기

우라늄을 어떤 식으로 농축할까요? 동위 원소를 화학적으로는 분리할 수 없
지만, 미세한 질량 차로 물리적으로는 분리할 수 있답니다. 그러려면 우라늄
을 휘발성 화합물(우라늄 헥사플루오라이드)로 바꾸고 기체 원심 분리기에서 입
자를 분리해야 해요. 원심 분리기 모형을 만드는 것은 어렵지 않아요.

1. 1~2m 길이의 줄로 플라스틱병을
   묶습니다.

2. 웅덩이 진흙, 설탕에 절인 과일,
   수프 따위를 병 속에 부어주세요.

3. 여러분 머리 위에서 병을 최대한 강하게 돌려주세요.

4. 병 속의 혼합물이 분리됐을 겁니다. 가장 무거운 것은 바닥에 가라앉고, 가벼운 것은 위에 떠올랐을 거예요. 원심 분리가 이루어진 겁니다!

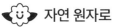 자연 원자로

우라늄은 지구의 지각에서 금보다 1,000배 이상 자주 발견됩니다. 서 아프리카의 오클로Oklo라는 곳에서는 암석 속에 우라늄이 너무 많이 포

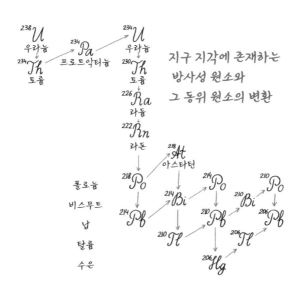

지구 지각에 존재하는 방사성 원소와 그 동위 원소의 변환

함되어 있어서, 하나의 원자가 붕괴하면서 인근 원자들의 붕괴를 유발하는 연쇄 반응이 일어났어요. 실제로 오클로에는 원자로가 자연적으로 형성되어 수십만 년 동안 가동되었습니다.

다음은 어떤 원소일까?

악티늄족(마지막 원소는 로렌슘) 다음으로는 몇 시간, 몇 분, 심지어 몇 밀리초 만에 붕괴되는 화학 원소들이 등장합니다. 이들 원소는 모두 인위적으로 만들어졌으며, 변환 과정에서 얻어진 것들로, 실질적인 의미는 없습니다.

마치며

주기율표 여행도 이제 종착역에 이른 것 같군요. 그러나 물리학자들은 계속해서 새로운 원소를 얻기 위한 작업을 진행 중이며, 어쩌면 새로운 여덟 번째 주기가 주기율표에 조만간 등장할지도 모릅니다. 안타깝지만, 아무리 좋은 것도 끝은 있게 마련입니다. 가령 이 책도 그렇지요(여러분도 흥미를 느끼셨기를 바랍니다).

그래도 화학 공부는 계속할 수 있습니다! 마법 같은 화학의 세계로 여러분을 초대할게요. 여기 몇 가지 가능한 연구 경로들을 소개합니다.

▶ 다양한 구성 성분의 비율이 변하면 슬라임의 성질은 어떻게 바뀔까요? 슬라임 전문가는 점성, 막 형성 능력, 부서지는 정도, 슬라임을 손가락으로 찔렀을 때 나는 소리와 같이 슬라임의 다양한 특성을 구별합니다.

▶ 산성, 중성, 알칼리성 환경에서 각각의 천연염료(비트주스, 블루베리, 토마토, 차 등)의 색은 어떻게 변할까요? 이들 염료의 색깔은 어디에서 나온 걸까요?

▶ 체리주스뿐만 아니라 리트머스 종이를 사용하여 자연에서 얻은 다양한 액체(여러 수원지에서 수집한 물, 껌을 씹기 전후의 침, 우유 등)의 산도를

조사해 보세요.

▶ 깨끗한 물이 담긴 병에 여러 가지 식물(실내에서 키우는 제라늄 가지, 자주 달개비 등)을 넣습니다. 3대 비료(질소, 인산, 칼륨) 중에 첫 번째 병에는 질소 비료, 두 번째 병에는 인산 비료, 세 번째 병에는 칼륨 비료를 넣지 마세요. 식물에 특정 원소가 부족하다는 것을 어떻게 알 수 있을까요?

▶ 정원이나 텃밭에서 무기질이 부족해 보이는 식물을 찾아 필요한 비료를 주세요. 효과가 있었나요?

관련 서적과 잡지를 참고하는 것도 좋은 방법입니다. 화학에 대한 지식을 계속해서 쌓아가며, 새로운 것을 발견하는 행운이 함께하길 바랍니다!

세상을 움직이는 놀라운 화학

펴낸날 2025년 6월 10일 1판 1쇄

지은이 표트르 발치트, 마리아 샤라포바
그린이 리사 카진스카야
옮긴이 이경아
감수자 이황기
펴낸이 金永先
편집 나지원
디자인 박유진

펴낸곳 미디어숲
주소 경기도 고양시 덕양구 청초로 10 GL 메트로시티한강 A동 20층 A1-2002호
전화 (02) 323-7234
팩스 (02) 323-0253
홈페이지 www.mfbook.co.kr
출판등록번호 제 2-2767호

ISBN 979-11-5874-253-9(03430)

미디어숲과 함께 새로운 문화를 선도할 참신한 원고를 기다립니다.
이메일 dhhard@naver.com (원고 투고)